装配焊接实习

主　编　徐双钱

副主编　孙方遒

参　编　高振永

主　审　赵丽玲

HEUP 哈尔滨工程大学出版社

内 容 提 要

本书共分七个项目,主要内容包括焊条电弧焊实训、CO_2 气体保护焊实训、埋弧焊实训、钨极氩弧焊实训、气焊实训、等离子弧焊实训和焊接结构装配实训等。主要讲授常用焊接方法的原理、设备、焊接材料、焊接参数和操作技巧;装配中的定位、测量等知识。

本书可作为高等职业院校焊接类专业教材,亦可供有关工程技术人员参考;全书通俗易懂,实用性强。

图书在版编目(CIP)数据

装配焊接实习/徐双钱主编. —哈尔滨:哈尔滨
工程大学出版社,2014.7
ISBN 978 - 7 - 5661 - 0798 - 5

Ⅰ.①装… Ⅱ.①徐… Ⅲ.①焊接 Ⅳ.①TG4

中国版本图书馆 CIP 数据核字(2014)第 148753 号

出版发行	哈尔滨工程大学出版社
社 址	哈尔滨市南岗区东大直街 124 号
邮政编码	150001
发行电话	0451 - 82519328
传 真	0451 - 82519699
经 销	新华书店
印 刷	黑龙江省地质测绘印制中心
开 本	787mm×1 092mm 1/16
印 张	7.75
字 数	194 千字
版 次	2014 年 7 月第 1 版
印 次	2014 年 7 月第 1 次印刷
定 价	18.00 元

http://www.hrbeupress.com
E-mail:heupress@ hrbeu.edu.cn

前　　言

本书是根据高等职业教育焊接类专业教学计划和"装配焊接实训"课程教学大纲进行编写,适合高等职业院校焊接类专业使用,也可供从事焊接工作的工程技术人员参考。

本书共分七个项目,主要内容包括焊条电弧焊实训、CO_2 气体保护焊实训、埋弧焊实训、钨极氩弧焊实训、气焊实训、等离子弧焊实训和焊接结构装配实训等。主要讲授常用焊接方法的原理、设备、焊接材料、焊接参数和操作技巧,装配中的定位、测量等知识。

本书的编写立足于基本知识、基本工艺、基本技能的传授与训练;立足于使学生掌握操作要领和安全技术。遵从高等职业教育学生的培养目标和认知特点,在突出应用性、实践性的基础上重组课程结构、更新教学内容体系,教材结构向"理论浅、内容新、应用多和学得活"的方向转变;课程内容紧紧围绕培养学生生产现场所要求实施的职业能力来阐述,注重实践教学,注重操作技能培养。

为了保证教材的编写质量,突出能力目标、技能训练的方法和手段,邀请了企业技术人员参加编写。全书共分为七个项目,由渤海船舶职业学院徐双钱担任主编,并编写项目一、项目二、项目四、项目六;渤海船舶职业学院孙方遒编写项目五、项目七;渤海船舶重工有限责任公司高振永编写项目三,全书由徐双钱统稿,由渤海船舶职业学院赵丽玲教授任主审。

本书编写过程中,得到了参编、参审单位以及许多学校和工厂有关人员的大力支持和帮助,并为本书编写提供了资料,在此一并表示衷心感谢。

由于编者水平有限,编写时间仓促,书中难免存在疏漏和错误,恳请有关专家和广大读者批评指正。

编　者

2014 年 1 月

目　　录

项目一   焊条电弧焊实训

【项目描述】

焊条电弧焊是用手工操纵焊条进行焊接的一种电弧焊,广泛应用于造船、锅炉及压力容器、机械制造、矿山机械、化工设备等行业。焊条电弧焊实训是焊接实训重要的组成部分,通过本项目的学习,学生应达到以下要求:

一、知识要求

1. 了解焊条电弧焊的工作原理;
2. 了解焊接接头和焊接位置的基本知识;
3. 掌握焊条电弧焊焊接设备及工具的安装和使用方法;
4. 了解焊条电弧焊的焊接材料的分类、牌号及选用原则;
5. 了解焊条电弧焊的焊接参数;
6. 掌握焊条电弧焊的基本操作技能。

二、能力要求

1. 能熟练安装、使用焊条电弧焊的设备及工具;
2. 能够正确选择焊条电弧焊的焊接参数;
3. 能够掌握焊条电弧焊的基本操作技能。

三、素质要求

1. 具有规范操作、安全操作、认真负责的工作态度;
2. 具有沟通能力及团队合作精神;
3. 具有质量意识、安全意识和环境保护意识;
4. 具有分析问题、解决问题的能力;
5. 具有勇于创新、敬业乐业的工作作风。

【相关知识】

一、焊条电弧焊的工作原理

焊条电弧焊是最常用的熔焊方法之一,焊接过程如图 1－1 所示。焊接时,在焊条末端和工件之间燃烧的电弧所产生的高温使焊条药皮与焊芯及工件熔化,熔化的焊芯端部迅速地形成细小的金属熔滴,通过弧柱过渡到局部熔化的工件表面,融合一起形成熔池。药皮熔化过程中产生的气体和熔渣,不仅使熔池和电弧周围的空气隔绝,而且和熔化了的焊芯、母材发生一系列冶金反应,保证所形成焊缝的性能。随着电弧以适当的弧长和速度在工件上不断地前移,熔池液态金属逐步冷却结晶,形成焊缝。

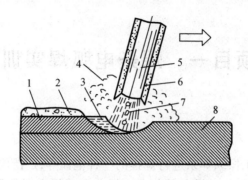

图1-1　焊条电弧焊原理示意图

1—焊缝;2—熔渣;3—熔池;4—保护气体;5—焊芯;6—药皮;7—熔滴;8—焊件

二、焊接接头和焊缝的基本形式

1. 焊接接头的组成

焊接接头指由两个或两个以上零件通过焊接方法连接的接头。焊接接头包括焊缝区、熔合区和热影响区,如图1-2所示。

(1)焊缝区　焊件经焊接后所形成的结合部分。

(2)熔合区　焊缝与母材交界的过渡区,即熔合线处微观显示的母材半熔化区。

(3)热影响区　在焊接过程中,母材因受热的影响(但未熔化)而发生金相组织和力学性能变化的区域。

2. 焊接接头的形式

根据零件间的相互位置不同,焊接接头主要有以下几种形式:

(1)对接接头　两焊件表面构成大于或等于135°,小于或等于180°夹角的接头叫对接接头。对接接头可分为开坡口和不开坡口两种形式。

①不开坡口的对接接头。不开坡口的对接接头常用于厚度小于6 mm 的金属构件,钢材间常留1~2 mm 的装配间隙;板厚增加,装配的间隙也要相应地增加,接头形式如图1-3所示。

图1-2　焊接接头示意图

1—焊缝区;2—熔合区;

3—热影响区;4—母材

图1-3　不开坡口的对接接头

②开坡口的对接接头。开坡口就是根据设计或工艺的需要,在工件的待焊部位加工出具有一定几何形状和尺寸的沟槽。坡口形式及尺寸如图1-4所示。

(2)T形接头　焊件的端面与另一个焊件的表面构成直角或近似直角的接头叫T形接头。根据工件的厚度和坡口形式的不同,T形接头可分为不开坡口、单边V形、K形以及双U形等几种形式,坡口形式及尺寸如图1-5所示。

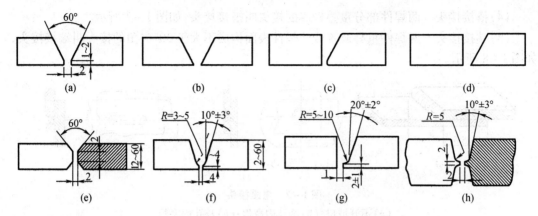

图 1－4 对接接头的坡口形式

（a）带钝边的 V 形坡口；（b）无钝边的 V 形坡口；（c）带钝边的单边的 V 形坡口；

（d）无钝边的单边的 V 形坡口；（e）X 形坡口；（f）U 形坡口；（g）单边 U 形坡口；（h）双面 U 形坡口

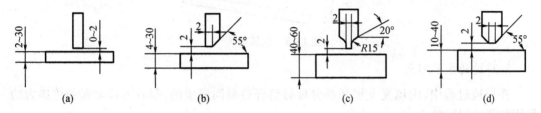

图 1－5 T 形接头的坡口形式

（a）不开坡口；（b）单边 V 形坡口；（c）K 形坡口；（d）双 U 形坡口

（3）角接接头　两焊件端面间构成大于30°,小于135°夹角的接头叫角接接头。角接接头的坡口形式及尺寸如图 1－6 所示。

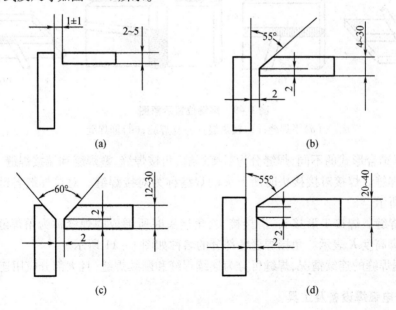

图 1－6 角接接头的坡口形式

（a）不开坡口；（b）单边 V 形坡口；（c）V 形坡口；（d）K 形坡口

（4）搭接接头　两焊件部分重叠构成的接头叫搭接接头,如图 1 - 7 所示。

（5）端接接头　两焊件重叠放置或两焊件表面构成不大于30°夹角的接头叫端接接头,如图 1 - 8 所示。

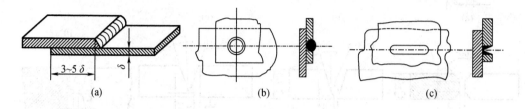

图 1 - 7　搭接接头

（a）不开坡口;（b）圆孔内塞焊;（c）长孔内塞焊

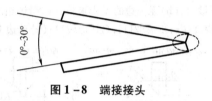

图 1 - 8　端接接头

3.焊缝的基本形式

在焊接过程中,由填充金属和部分母材熔合后凝固形成的,起着连接金属和传递力的作用的部分叫焊缝。

焊缝是焊接接头的一部分,焊缝的基本形式如下:

（1）根据焊缝所在空间位置的不同,焊缝可分为平焊缝、横焊缝、立焊缝、仰焊缝四种形式,如图 1 - 9 所示。

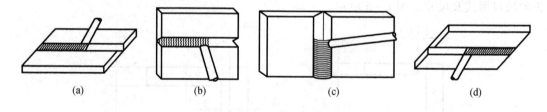

图 1 - 9　焊缝位置示意图

（a）平焊缝;（b）横焊缝;（c）立焊缝;（d）仰焊缝

（2）根据结合形式的不同,焊缝分为对接焊缝、角接焊缝、塞焊缝和端接焊缝。

①对接焊缝。焊接对接接头时所形成的焊缝称为对接焊缝。对接焊缝各部分的名称如图 1 - 10 所示。

②角接焊缝。焊接 T 形接头、搭接接头、角接头时所形成的焊缝称为角焊缝。角焊缝的尺寸用焊脚高度 K 表示。角接焊缝各部分的名称如图 1 - 11 所示。

（3）根据焊缝的连续情况,焊缝可分为连续焊缝和断续焊缝,且大部分应用连续焊缝。

三、焊条电弧焊设备及工具

焊条电弧焊的设备和工具主要有焊接电源、焊钳、面罩、焊条保温筒,此外还有敲渣锤、钢丝刷等手工工具及焊缝检验尺等辅助器具。

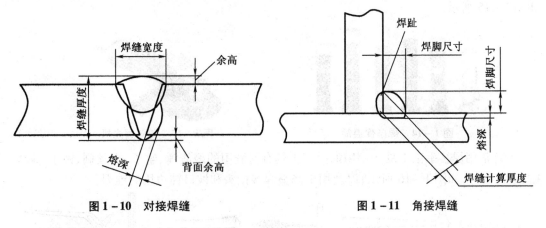

图 1－10　对接焊缝　　　　　　　　图 1－11　角接焊缝

1. 焊接电源

焊接电源是为焊接电弧提供电能的一种装置。焊条电弧焊的电源按照输出电流的性质不同,可分为直流电源和交流电源两大类;按照电源的结构不同,可分为弧焊变压器、弧焊发电机、弧焊整流器和弧焊逆变器等四种类型。

2. 焊条电弧焊常用工具

焊条电弧焊常用的工具有焊钳、焊接电缆、面罩、焊条保温筒和一些手工工具及辅助工具。

(1)焊钳　焊钳是用以夹持焊条并传导电流以进行焊接的工具,如图 1－12 所示。

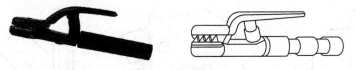

图 1－12　焊钳

(2)焊接电缆　焊接电缆起着传导焊接电流的作用。

(3)面罩　面罩是为防止焊接时产生的飞溅、弧光及其他辐射对焊工面部及颈部损伤的一种遮蔽的工具,有手持式和头盔式两种,如图 1－13 所示。

(a)　　　　　　　　　　　　　(b)

图 1－13　焊接面罩

(a)手持式;(b)头盔式

(4)焊条保温筒　焊条保温筒是焊接时不可缺少的工具,如图 1－14 所示。焊条从烘干箱内取出后应放在保温筒内继续保温,以保持焊条药皮在使用过程中的干燥度。

(5)角向磨光机　角向磨光机有电动和气动两种,用于焊接前的坡口钝边磨削、焊件表面的除锈、焊接接头的磨削、多层焊时层间缺陷的磨削及一些焊缝表面缺陷等的磨削工作,如图 1 - 15 所示。

图 1 - 14　焊条保温筒　　　　　　　　　　**图 1 - 15　角向磨光机**

　　(6)常用焊接手工工具　常用的手工工具有清渣用的敲渣锤、錾子、钢丝刷、锤子、钢丝钳、夹持钳等,如图 1 - 16 所示;以及用于修整焊接接头和坡口钝边用的锉刀。

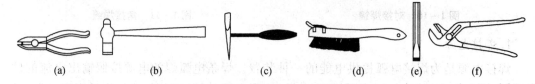

(a)　　　　　　(b)　　　　　　(c)　　　　　　(d)　　　　　(e)　　　　　　(f)

图 1 - 16　焊接手工工具

(a)钢丝钳;(b)锤子;(c)敲渣锤;(d)钢丝刷;(e)錾子;(f)夹持钳

　　(7)焊缝检验尺　焊缝检验尺是一种精密量规,用来测量焊件、焊缝的坡口角度、装配间隙、错边及焊缝的余高、焊缝宽度和角焊缝焊脚等。焊缝检验尺外形及测量示意,如图 1 - 17所示。

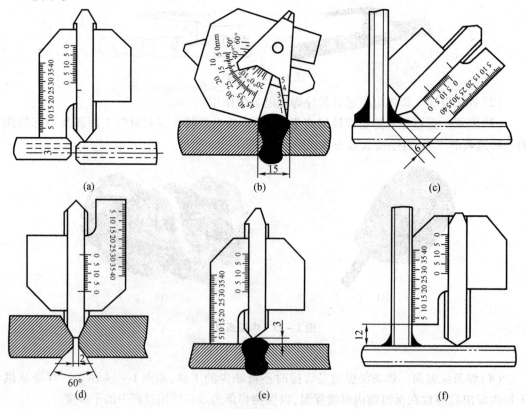

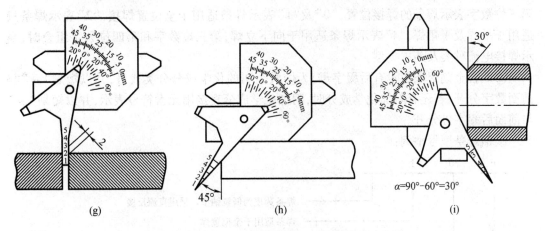

图1-17　焊缝检验尺用法举例

(a)测量错度;(b)测量焊缝宽度;(c)测量角焊缝厚度;(d)测量双Y形坡口角度;(e)测量焊缝余高;
(f)测量角焊缝焊脚;(g)测量坡口间隙;(h)测量坡口角度;(i)测量管道坡口角度

四、焊条电弧焊的焊接材料

焊条电弧焊的焊接材料就是焊条。焊条由焊芯和药皮组成,如图1-18所示。焊条规格以焊芯直径来表示。其长度依焊条规格材料、涂层类型等不同而不同,通常在200~500 mm之间。

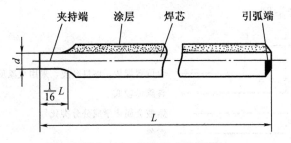

图1-18　焊条组成示意图

焊条常用的规格有$\phi2$ mm、$\phi2.5$ mm、$\phi3.2$ mm、$\phi4.0$ mm、$\phi5.0$ mm、$\phi6.0$ mm等几种。

1.焊条的分类

(1)按照焊条的用途,可分为结构钢焊条、耐热钢焊条、不锈钢焊条、堆焊焊条、低温钢焊条、铸铁焊条、镍和镍合金焊条、铜及铜合金焊条、铝及铝合金焊条以及特殊用途焊条。

(2)按照药皮的主要化学成分,可分为氧化钛型焊条、氧化钛钙型焊条、钛铁矿型焊条、氧化铁型焊条、纤维素型焊条、低氢型焊条等。

(3)按照焊条药皮熔化后熔渣的特性,可将电焊条分为酸性焊条和碱性焊条。

2.焊条的型号及牌号

焊条型号和牌号都是焊条的代号。焊条型号是指国家标准规定的各类焊条的代号;牌号则是焊条制造厂对作为产品出厂的焊条规定的代号。

(1)碳钢焊条和低合金钢焊条型号　碳钢焊条和低合金钢焊条型号是根据熔敷金属的力学性能、药皮类型、焊接位置和电流种类来划分。

①字母"E"表示焊条;前两位数字表示熔敷金属抗拉强度的最小值,单位为×10 MPa;

第三位数字表示焊条的焊接位置，"0"及"1"表示焊条适用于全位置焊接，"2"表示焊条只适用于平焊及平角焊，"4"表示焊条适用于向下立焊；第三位数字和第四位数字组合时，表示焊接电流种类及药皮类型。

②低合金钢焊条还附有后缀字母，为熔敷金属的化学成分分类代号，并以短划"－"与前面数字分开；若还有附加化学成分时，附加化学成分直接用元素符号表示，并以短划"－"与前面后缀字母分开。

碳钢焊条型号举例：

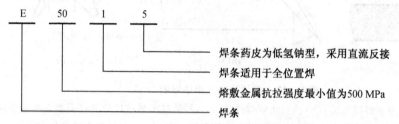

（2）不锈钢焊条型号　不锈钢焊条型号是根据熔敷金属的化学成分、药皮类型、焊接位置和电流种类来划分。

字母"E"表示焊条；"E"后面的数字表示熔敷金属化学成分分类代号，如有特殊要求的化学成分，该化学成分用元素符号表示，放在数字后面；数字后的字母"L"表示碳含量较低，"H"表示碳含量较高，"R"表示硫、磷、硅含量较低；短划"－"后面的两位数字表示焊条药皮类型、焊接位置及焊接电流种类。

不锈钢焊条型号举例：

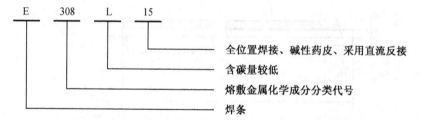

（3）焊条牌号　焊条牌号由汉字（或汉语拼音字母）和三位数字组成。汉字（或汉语拼音字母）表示按用途分的焊条各大类，前两位数字表示各大类中的若干小类，第三位数字表示药皮类型和电流种类。焊条牌号中表示各大类的汉字（或汉语拼音字母）含义见表1－1。焊条牌号中第三位数字的含义见表1－2。

表1－1　焊条牌号中各大类汉字（或汉语拼音字母）

焊条类别		大类汉字（或汉语拼音字母）	焊条类别	大类汉字（或汉语拼音字母）
结构钢焊条	碳钢焊条	结 J	低温钢焊条	温 W
	低合金钢焊条		铸铁焊条	铸 Z
钼和铬钼耐热钢焊条		热 R	铜及铜合金焊条	铜 T
不锈钢焊条	铬不锈钢焊条	铬 G	铝及铝合金焊条	铝 L
	铬镍不锈钢焊条	奥 A	镍及镍合金焊条	镍 Ni
堆焊焊条		堆 D	特殊用途焊条	特 Ts

表1-2　焊条牌号中第三位数字的含义

焊条牌号	药皮类型	电流种类	焊条牌号	药皮类型	电流种类
××0	不定型	不规定	××5	纤维素型	交直流
××1	氧化钛型	交直流	××6	低氢钾型	交直流
××2	钛钙型	交直流	××7	低氢钠型	直流
××3	钛铁矿型	交直流	××8	石墨型	交直流
××4	氧化铁型	交直流	××9	盐基型	直流

①结构钢焊条牌号。汉字"结(J)"表示结构钢焊条;第一、二位数字表示熔敷金属抗拉强度等级;第三位数字表示药皮类型和电流种类。

例如:结422(J422),表示熔敷金属抗拉强度最小值为420 MPa,药皮类型为钛钙型,交直流两用的结构钢焊条。

②不锈钢焊条牌号。不锈钢焊条包括铬不锈钢焊条和铬镍不锈钢焊条,汉字"铬(G)"表示铬不锈钢焊条,"奥(A)"表示铬镍不锈钢焊条;第一位数字表示熔敷金属主要化学成分等级;第二数字表示同一熔敷金属主要化学成分组成等级中的不同编号,按0,1,…,9顺序排列;第三位数字表示药皮类型和电流种类。

例如:铬202(G202),表示熔敷金属铬的质量分数为13%,编号为0,药皮类型为钛钙型,交直流两用的铬不锈钢焊条。

奥137(A137),表示熔敷金属铬的质量分数为18%、镍的质量分数为9%,编号为3,药皮类型为低氢钠型,直流反接的铬镍奥氏体不锈钢焊条。

③低温钢焊条牌号。汉字"温(W)"表示低温钢焊条;第一、二位数字表示低温钢焊条工作温度等级;第三位数字表示药皮类型和电流种类。

例如:温707(W707),表示工作温度等级为-70 ℃,药皮类型为低氢钠型,直流反接的低温钢焊条。

④堆焊焊条牌号。汉字"堆(D)"表示堆焊焊条;第一位数字表示焊条的用途、组织或熔敷金属的主要成分;第二位数字表示同一用途、组织或熔敷金属的主要成分中的不同牌号顺序,按0,1,…,9顺序排列;第三位数字表示药皮类型和电流种类。

例如:堆127(D127),表示普通常温用,编号为2,药皮类型为低氢钠型,直流反接的堆焊焊条。

对于不同特殊性能的焊条,可在焊条牌号后缀主要用途的汉字(或汉语拼音字母),如压力容器用焊条为J506R;底层焊条为J506D;低尘、低毒焊条为J506DF;立向下焊条为J506X等。

(4)焊条型号与牌号的对照　常用碳钢焊条、低合金钢的型号与牌号的对照如下:

①常用碳钢焊条的型号与牌号的对照见表1-3。

表1-3　常用碳钢焊条型号与牌号对照表

序号	型号	牌号	序号	型号	牌号
1	E4303	J422	5	E5003	J502
2	E4311	J425	6	E5011	J505
3	E4316	J426	7	E5016	J506
4	E4315	J427	8	E5015	J507

②常用低合金钢焊条的型号与牌号对照见表1-4。

表 1 – 4 常用低合金钢焊条型号与牌号对照表

序号	型号	牌号	序号	型号	牌号
1	E5015 – G	J507CrNi	5	E7015 – D2	J707
2	E5515 – G	J557	6	E7517 – G	J757
3	E6016 – D1	J606	7	E8515 – G	J857
4	E6015 – D1	J607	8	E5503 – B1	R202

（5）焊条的选用原则

焊条的选用原则如下：

①低碳钢、中碳钢及低合金钢。按焊件的抗拉强度来选用相应强度的焊条，使熔敷金属的抗拉强度与焊件的抗拉强度相等或相近，该原则称为"等强原则"。

②对于不锈钢、耐热钢、堆焊等焊件。选用焊条时，应从保证焊接接头的特殊性能出发，要求焊缝金属化学成分与母材相同或相近，该原则称为"等分原则"。

③对于低碳钢之间、中碳钢之间、低合金钢之间及它们之间的异种钢焊接。一般根据强度等级较低的钢材，按焊缝与母材抗拉强度相等或相近的原则选用相应的焊条。

④重要焊缝要选用碱性焊条。所谓重要焊缝就是受压元件（如锅炉、压力容器）的焊缝；承受振动载荷或冲击载荷的焊缝；对强度、塑性、韧性要求较高的焊缝；焊件形状复杂、结构刚度大的焊缝等，对于这些焊缝要选用力学性能好、抗裂性能强的碱性焊条。

⑤在满足性能前提下尽量选用酸性焊条。因为酸性焊条的工艺性能要优于碱性焊条，即酸性焊条对铁锈、油污等不敏感；析出有害气体少；稳弧性好，可交直流两用；脱渣性好；焊缝成形美观等。总之在酸性焊条和碱性焊条均能满足性能要求的前提下，应尽量选用工艺性能较好的酸性焊条。

五、焊条电弧焊的焊接参数

焊接参数是指焊接时为保证焊接质量而选定的物理量（例如焊接电流、电弧电压、焊接速度等）的总称。

焊条电弧焊的焊接参数主要包括：焊条直径、焊接电流、电弧电压、焊接速度、焊接层数和焊条的倾角等。

1. 焊条直径

生产中，为了提高生产率，应尽可能选用较大直径的焊条，但是用直径过大的焊条焊接，会造成未焊透或焊缝成形不良。因此必须正确选择焊条的直径，焊条直径大小的选择与下列因素有关。

（1）焊件的厚度　厚度较大的焊件应选用直径较大的焊条；反之，薄焊件的焊接，则应选用小直径的焊条。焊条直径与焊件厚度之间关系，见表 1 – 5。

表 1 – 5 焊条直径与焊件厚度的关系　　　　　　　　　　　　　　　单位：mm

焊件厚度	≤1.5	2	3	4 ~ 5	6 ~ 12	≥12
焊条直径	1.5	2	3.2	3.2 ~ 4	4 ~ 5	4 ~ 6

（2）焊接位置　在板厚相同的条件下焊接平焊时用的焊条直径应比其他位置大一些，立焊最大不超过 5 mm，而仰焊、横焊最大直径不超过 4 mm，这样可形成较小的熔池，减少熔化金属的下淌。

（3）焊接层次　在进行多层焊时，如果第一层焊缝所采用的焊条直径过大，会造成因电弧过长而不能焊透，因此为了防止根部焊不透，对于多层焊的第一层焊道，应采用直径较小的焊条进行焊接，以后各层可以根据焊件厚度，选用较大直径的焊条。

（4）接头形式　搭接接头、T 形接头因不存在全焊透问题，所以应选用较大的焊条直径以提高生产率。

2. 电源种类和极性

（1）电源种类　通常根据焊条的类型选择焊接电源的种类。用交流电源焊接时，电弧稳定性差。采用直流电源焊接时，电弧稳定，飞溅少，但电弧磁偏吹较交流严重。低氢型焊条稳弧性差，通常必须采用直流电源。用小电流焊接薄板时，也常用直流电源，因为引弧比较容易，电弧比较稳定。酸性焊条采用交流或直流电源均可以进行焊接。

（2）极性　极性是指在直流电弧焊或电弧切割时，焊件的极性。焊件与电源输出端正、负极的接法，有正接和反接两种。所谓正接就是焊件接电源正极、电极接电源负极的接线法，正接也称正极性；反接就是焊件接电源负极，电极接电源正极的接线法，反接也称反极性。对于交流电源来说，由于极性是交变的，所以不存在正接和反接。

极性的选用，主要应根据焊条的性质和焊件所需的热量来决定。焊条电弧焊时，当阳极和阴极的材料相同时，由于阳极区温度高于阴极区的温度，因此使用酸性焊条焊接厚钢板时，可采用直流正接，以获得较大的熔深；而在焊接薄钢板时，则采用直流反接，可防止烧穿。

如果在焊接重要结构使用碱性低氢钠型焊条时，无论焊接厚板或薄板，均应采用直流反接，因为这样可以减少飞溅和气孔，并使电弧稳定燃烧。

3. 焊接电流

焊接时，流经焊接回路的电流称为焊接电流，焊接电流的大小直接影响着焊接质量和焊接生产率。选择焊接电流时，主要考虑焊条直径、焊接位置、焊条类型、焊道层次等因素。

（1）焊条直径　焊条直径越大，焊接电流也越大。碳钢酸性焊条焊接电流大小与焊条直径的关系，一般可根据下面的经验公式来选择

$$I = (35 \sim 55)d$$

式中　I——焊接电流，A；

　　　d——焊条直径，mm。

（2）焊接位置　焊条直径相同的条件下，平焊时，可以选择较大的电流进行焊接。通常立焊、横焊的焊接电流比平焊的焊接电流小 10% ~ 15%，仰焊的焊接电流比平焊的焊接电流小 15% ~ 20%。

（3）焊条类型　当其他条件相同时，碱性焊条使用的焊接电流应比酸性焊条小 10% ~ 15%，否则焊缝中易形成气孔。不锈钢焊条使用的焊接电流比碳钢焊条小 15% ~ 20%。

（4）焊道层次　焊接打底焊道时，使用较小的焊接电流；焊接填充焊道时，使用较大的焊接电流；而焊接盖面焊道时，使用的电流稍小些。

4. 电弧电压

焊条电弧焊的电弧电压主要由电弧长度来决定。电弧长，电弧电压高；电弧短，电弧电压低。电弧电压主要影响焊缝的宽窄，电弧电压越高，焊缝越宽。焊条电弧焊时，焊缝的宽

度主要由焊条的横向摆动来控制,因此电弧电压一般由焊工掌握,不做硬性的规定。

5.焊接速度的选择

单位时间内完成的焊缝长度称为焊接速度。焊接过程中焊接速度要适当,既要保证焊透又要保证不烧穿,同时还要使焊缝宽度和余高符合设计要求。

6.焊接层数

对低碳钢和强度等级低的钢材进行多层多道焊时,根据实际经验,每层厚度约等于焊条直径的0.8~1.2倍时,生产率较高,并且比较容易保证质量和便于操作。

【实训任务】

任务一　平敷焊训练

【实训任务单】

平敷焊训练任务单见表1-6。

表1-6　平敷焊训练任务单

任务名称	平敷焊训练		
所需时间	12学时	所需场所	实训车间
任务描述	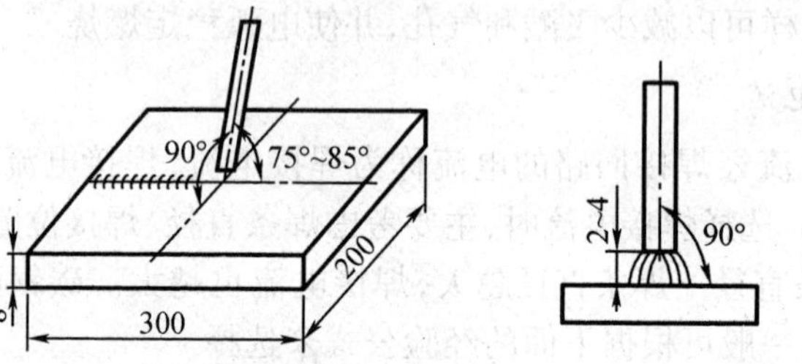 上图所示为焊条电弧焊平敷焊训练图样,是一块长300 mm、宽200 mm、厚度8 mm的钢板		
任务要求	技能要求: 1.能熟练安装使用焊条电弧焊的焊接设备; 2.能够熟练对焊条电弧焊焊接参数进行选择及调节; 3.熟练掌握焊条电弧焊引弧、熄弧的基本操作技术; 4.熟练掌握焊条电弧焊直线形、直线往返形、锯齿形运条方法; 5.熟练掌握焊条电弧焊焊缝的起头、收尾、连接的操作技术; 6.能够清楚辨别出熔渣和熔池金属 职业素质要求: 1.具有规范操作、安全操作和团结协作的优秀品质; 2.具有严谨认真的工作态度; 3.具有分析和解决问题能力; 4.具有创新意识,获取新知识、新技能的学习能力		

续表 1－6

实施要求	1.3 人一小组,相互配合,轮换练习; 2.训练过程中,注意安全防护;穿戴好个人防护用品和用具,预防电弧光伤害,防止飞溅金属造成的灼伤和火灾,防止触电; 3.严格遵守实训车间的规章制度

【任务实施】

一、焊前准备

1.设备

焊机型号:BX3－300(用于酸性焊条)或 ZX7－400(用于碱性焊条)。

2.材料

(1)钢板　尺寸:$L \times B \times S = 300$ mm $\times 200$ mm $\times 8$ mm 材质:Q235,5 块/人;

(2)焊条　E4303(J422),$\phi 3.2$ mm 或 E5015(J507),$\phi 3.2$ mm,30 根/人。

3.辅助工具

敲渣锤、面罩、画线工具及个人劳保用品。

4.焊前清理、画线

焊前应对焊件表面的铁锈、油污、水分及其他污物进行清理,直至露出金属光泽。画出电弧运动轨迹线。

二、操作步骤

1.启动焊机

打开焊机电源开关。

2.调节焊接参数

焊接参数见表1－7。

表 1－7　平敷焊焊接参数

焊接层次	焊丝直径/mm	焊接电流/A	引弧电流/A	推力电流/A	焊接电压/V
单层	3.2	120～150	20～50	20～40	21～22

3.焊接操作

(1)基本操作姿势　焊接操作时,焊工左手持面罩,右手握焊钳;焊接基本操作姿势有蹲姿、坐姿、站姿,如图1－19所示。

(2)焊条角度　焊条工作角为90°,焊条前倾角 +10°～ +20°,如图1－20所示。

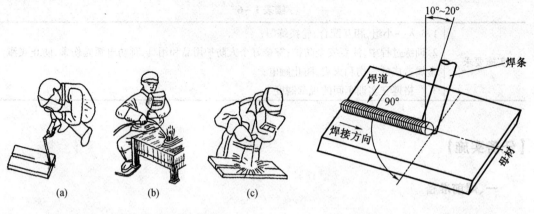

图 1 - 19　焊接基本操作姿势　　　　　　图 1 - 20　焊条角度示意图
（a）蹲姿；（b）坐姿；（c）站姿

（3）引弧　焊条电弧焊引弧的方式有两种。

①垂直引弧　将焊条与工件垂直接触，随后迅速地将焊条提起 2～4 mm，电弧引燃后使焊条与工件保持一定的距离，如图 1 - 21 所示。

②划擦式引弧　将焊条的末端对准焊件，然后将焊条像划火柴一样在焊件的表面划过，产生焊接电弧，如图 1 - 22 所示。

垂直引弧一般适用于酸性焊条，划擦式引弧一般适用于碱性焊条。

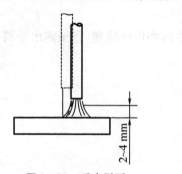

图 1 - 21　垂直引弧

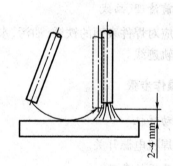

图 1 - 22　划擦式引弧

（4）运条　在焊接过程中，焊条相对于焊缝所做的各种动作的总称叫运条。运条包括沿焊条轴线的送进、沿焊缝轴线方向的纵向移动和横向摆动三个动作的组合，如图 1 - 23 所示。常用的运条方法及适用范围见表 1 - 8。

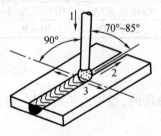

图 1 - 23　运条的基本动作
1—焊条轴线的送进方向；2—沿焊缝轴线方向的纵向移动方向；3—横向摆动方向

表1-8 常用运条方法及适用范围

运条方法		运条示意图	适用范围
直线形运条法			(1)厚度3~5 mm I形坡口平焊 (2)多层焊的第一层焊道 (3)多层多道焊
直线往返形运条法		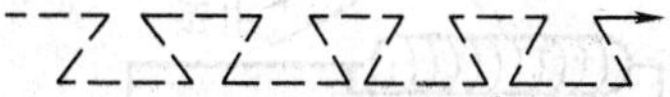	(1)薄板焊 (2)对接平焊(间隙较大)
锯齿形运条法			(1)对接接头(平焊、立焊、仰焊) (2)角接接头(立焊)
月牙形运条法			同锯齿形运条法
三角形运条法	斜三角形		(1)角接接头(仰焊) (2)对接接头(开V形坡口横焊)
	正三角形	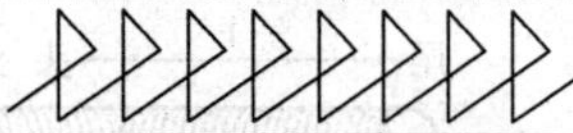	(1)角接接头(立焊) (2)对接接头
圆圈形运条法	斜圆圈形		(1)角接接头(平焊、仰焊) (2)对接接头(横焊)
	正圆圈形		对接接头(厚焊件平焊)
八字形运条法			对接接头(厚焊件平焊)

(5)焊缝的起头 焊缝的起头是指开始焊接处的焊缝。这部分焊缝很容易增高,可在引燃电弧后先将电弧稍微拉长些,对焊件进行必要的预热,然后适当降低电弧长度转入正常焊接。重要的结构往往增加引弧板。

(6)焊缝的收尾 焊缝的收尾是指一条焊缝焊完后进行收弧的过程。正确的收尾方法有以下三种,如图1-24所示。

①画圈收尾法。焊条移至焊道终点时,利用手腕动作使焊条尾端做圆圈运动,直到填满弧坑后再拉断电弧;此法适用于厚板焊接。

②反复断弧收尾法。焊条移至焊道终点时,反复在弧坑处熄弧、引弧、熄弧,直至填满弧坑;此法适用于薄板和大电流焊接,但碱性焊条不宜采用,否则易出现气孔。

③回焊收尾法。焊条移至焊道收尾处即停止,但不熄弧,适当改变焊条角度,焊条由位置1转到位置2,填满弧坑后再转到位置3,然后慢慢拉断电弧,碱性焊条常使用此方法熄弧。

(7)焊缝的连接 焊条电弧焊时由于受到焊条长度的限制,焊缝是逐段连接起来的,为了保证焊缝连接处的质量,必须使后焊的焊缝和先焊的焊缝能均匀地连接。焊缝连接通常有四种形式,如图1-25所示。

①中间连接。后焊的焊缝从先焊的焊缝尾部开始焊接如图1-25(a)所示。要求在弧坑前10 mm附近引弧,电弧长度比正常焊接时略长些;然后回移到弧坑处,压低电弧,稍做摆动,再向前正常焊接。这种连接的方法是使用最多的一种,适用于单层焊及多层焊的表层连接。

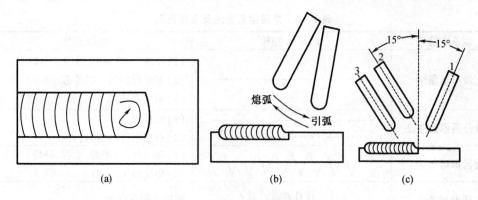

图 1 – 24　焊缝的收尾的形式
（a）划圈收尾法；（b）反复断弧收尾法；（c）回焊收尾法

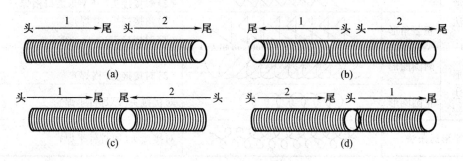

图 1 – 25　焊缝的连接形式
（a）中间接头；（b）相背接头；（c）相向接头；（d）分段退焊接头
1—先焊焊缝；2—后焊焊缝

②相背连接。两焊缝起头处相接如图 1 – 25（b）所示。要求先焊焊缝起头处略低些，后焊焊缝必须在前条焊缝始端稍前处引弧，然后稍拉长电弧将电弧逐渐引向前条焊缝的始端，并覆盖前条焊缝的端头，待焊平后，再向焊接方向移动。

③相向连接。两条焊缝的收尾处相接如图 1 – 25（c）所示。当后焊的焊缝焊到先焊的焊缝收弧处时，焊接速度应稍慢些，填满先焊焊缝的弧坑处后，以较快的速度再向前焊一段，然后熄弧。

④分段退焊连接。先焊焊缝的起头和后焊焊缝的收尾处相接如图 1 – 25（d）所示。要求后焊的焊缝靠近前条焊缝始端时，改变焊条角度，使焊条指向前条焊缝的始端，拉长电弧，待形成熔池后，再压低电弧，往回移动，最后返回原来熔池处收弧。

中间连接要求电弧中断的时间要短，换焊条动作要快。多层焊时，层间连接处要错开，以提高焊缝的致密性。除中间连接时可不清理焊渣外，其余连接处必须先将接头处的焊渣打掉，必要时可将连接处先打磨成斜面后再进行焊缝连接。

4. 操作过程要求

实训学生在引燃电弧后，能根据焊接情况自行调节焊接电流；要求实训学生按指导教师示范动作进行操作。教师巡查指导，主要检查焊接电流、电弧长度、运条方法等；若出现问题及时解决，必要时再进行个别示范。

（1）看飞溅　电流过大时，电弧吹力大，可看到较大颗粒的铁水向熔池外飞溅，焊接时爆裂声大;电流过小时,电弧吹力小,熔渣和熔池金属不易分清。

(2)看焊缝成形 电流过大时,熔深大,焊缝余高低,两侧易产生咬边;电流过小时,焊缝窄而高,熔深浅,且两侧与母材金属熔合不好;电流适中时焊缝两侧与母材金属熔合得很好,呈圆滑过渡。

(3)看焊条熔化状况 电流过大时,当焊条熔化了大半截时,其余部分均已发红;电流过小时,电弧燃烧不稳定,焊条易粘在焊件上。

焊接结束后,关闭焊机,整理工具设备,清理打扫场地。

【任务评价】

任务评价单见表1-9。

表1-9 任务评价单

	序号	检测项目	配分	技术标准	实测情况	得 分
焊件评价	1	焊缝宽度	10分	宽8~12 mm,每超差1 mm扣2分		
	2	焊缝成形	20分	要求波纹细、均匀、光滑,否则每项扣5分		
	3	弧坑	5分	弧坑饱满,否则每处扣5分		
	4	接头	10分	要求不脱节,不凸高,否则每处扣5分		
	5	咬边	10分	深<0.5 mm,每长5 mm扣5分;深>0.5 mm,每长5 mm扣10分		
	6	安全文明生产	15分	服从管理、安全操作,酌情扣分		
		总分	70分	实训成绩		

	学号	姓名	评分(满分10分)	学号	姓名	评分(满分10分)
组内互评						

注意:最高分与最低分相差最少3分,同分人最多3人,某一成员分数不得超平均分±3分

组间互评	评分(满分10分)

教师评价	评分(满分10分)

签字	任务完成人签字: 日期: 年 月 日 指导教师签字: 日期: 年 月 日

任务二 平角焊训练

【实训任务单】

平角焊训练任务单见表1－10。

表1－10 平角焊训练任务单

任务名称	平角焊训练		
所需时间	6 学时	所需场所	实训车间
任务描述	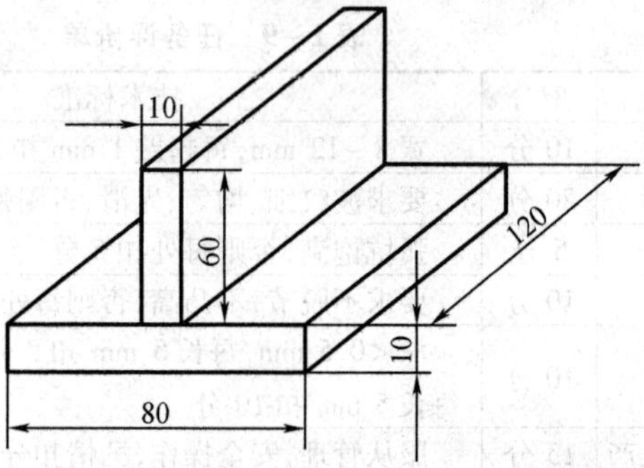 上图所示为焊条电弧焊平角焊训练图样,是一块长120 mm、宽80 mm、厚度10 mm 和一块长120 mm、宽60 mm、厚度10 mm 的两块钢板组成的T形材,焊脚尺寸10 mm		
任务要求	技能要求: 1.能够熟练对焊条电弧焊焊接参数进行选择及调节; 2.熟练掌握焊条电弧焊直线往返形、斜圆圈形运条方法; 3.熟练掌握焊条电弧焊平角焊的操作技术 职业素质要求: 1.具有规范操作、安全操作和团结协作的优秀品质; 2.具有严谨认真的工作态度; 3.具有分析和解决问题能力; 4.具有创新意识,获取新知识、新技能的学习能力		
实施要求	1.3 人一小组,相互配合,轮换练习; 2.训练过程中,注意安全防护;穿戴好个人防护用品和用具,预防电弧光伤害,防止飞溅金属造成的灼伤和火灾,防止触电; 3.严格遵守实训车间的规章制度		

【任务实施】

一、焊前准备

1.设备

焊机型号:BX3－300(用于酸性焊条)或 ZX7－400(用于碱性焊条)。

2.材料

（1）钢板　尺寸：$L \times B \times S = 120$ mm $\times 80$ mm $\times 10$ mm，$L \times B \times S = 120$ mm $\times 60$ mm $\times 10$ mm，材质：Q235，4块/人；

（2）焊条　E4303（J422），$\phi 3.2$ mm 或 E5015（J507），$\phi 3.2$ mm，20根/人。

3.辅助工具

敲渣锤、面罩、画线工具及个人劳保用品。

4.焊前清理

焊前应对焊件表面的铁锈、油污、水分及其他污物进行清理，直至露出金属光泽。

二、操作步骤

1.启动焊机

打开焊机电源开关。

2.调节焊接参数

焊接参数见表1-11。

表1-11　平角焊焊接参数

焊接层次	焊丝直径/mm	焊接电流/A	引弧电流/A	推力电流/A	焊接电压/V
单层	3.2	130～160	20～50	0～20	21～22

3.焊接操作

（1）在两块钢板端部按照图纸进行定位焊，焊缝长度15～20 mm，将其组合成T形材。

（2）在距离焊件端部10 mm处引弧，引弧点位置如图1-26所示。

（3）焊接打底层时，采用直线形或者直线往返形运条，往返到熔池中稍做停留，以防止垂直板产生咬边的缺陷。焊条角度如图1-27所示，接头与平敷焊相同，收弧采用反复断弧法，填满弧坑。

（4）清理打底层焊道的焊渣。焊接盖面层（第二层）时，可采用直线往返形运条或者斜圆圈形运条方法。采用斜圆圈形运条方法时，要求 a 至 b 稍慢，bc 前带，cd 稍快，d 点稍停，电弧沿"左上"回进，如图1-28所示。电流不变，角度随时变化，如图1-27所示，接头与平敷焊相同，收弧采用反复断弧法，填满弧坑。

清理盖面层（第二层）焊道的焊渣。焊接盖面层（第三层）时与盖面层（第二层）相似，焊接时要保证熔池边缘的直线度。焊接结束后，关闭焊机，整理工具设备，清理打扫场地。

图1-26　引弧点位置

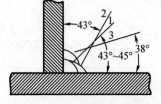

图1-27　平角焊焊条角度

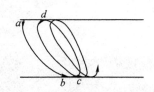

图1-28　斜圆圈形运条方法

【任务评价】

任务评价单见表 1 - 12。

表 1 - 12　任务评价单

	序号	检测项目	配分	技术标准	实测情况	得 分
焊件评价	1	焊脚下踢	10 分	无,若有每长 10 mm 扣 5 分		
	2	焊缝成形	20 分	要求波纹细、均匀、光滑,否则每项扣 5 分		
	3	焊件变形	5 分	允许 1°,若 >1° 扣 5 分		
	4	接头	10 分	要求不脱节,不凸高,否则每处扣 5 分		
	5	咬边	10 分	深 <0.5 mm,每长 5 mm 扣 5 分;深 >0.5 mm,每长 5 mm 扣 10 分		
	6	安全文明生产	15 分	服从管理、安全操作,酌情扣分		
		总分	70 分	实训成绩		

	学号	姓名	评分(满分 10 分)	学号	姓名	评分(满分 10 分)
组内互评						

注意:最高分与最低分相差最少 3 分,同分人最多 3 人,某一成员分数不得超平均分 ±3 分

组间互评	
	评分(满分 10 分)

教师评价	
	评分(满分 10 分)

签字	任务完成人签字:　　　　　日期:　　　年　　　月　　　日
	指导教师签字:　　　　　日期:　　　年　　　月　　　日

任务三 立角焊训练

【实训任务单】

立角焊训练任务单见表 1 – 13。

表 1 – 13 立角焊训练任务单

任务名称	平角焊训练		
所需时间	6 学时	所需场所	实训车间
任务描述	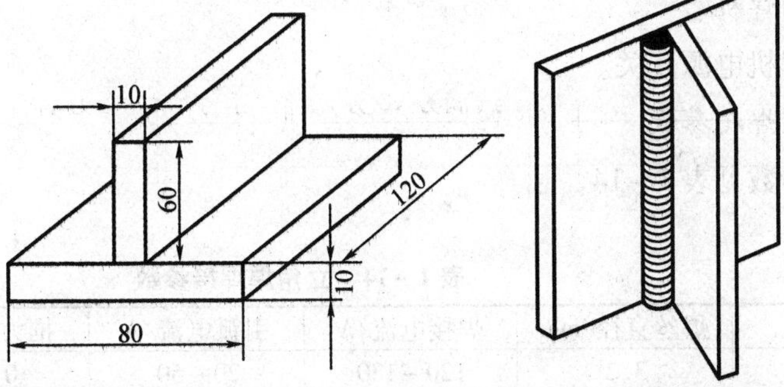 上图所示为焊条电弧焊立角焊训练图样,是一块长 120 mm、宽 80 mm、厚度 10 mm 和一块长 120 mm、宽 60 mm、厚度 10 mm 的两块钢板组成的 T 形材,焊脚尺寸 10 mm		
任务要求	技能要求: 1. 能够熟练对焊条电弧焊焊接参数进行选择及调节; 2. 熟练掌握焊条电弧焊三角形运条、锯齿形运条方法; 3. 熟练掌握焊条电弧焊立角焊的操作技术 职业素质要求: 1. 具有规范操作、安全操作和团结协作的优秀品质; 2. 具有严谨认真的工作态度; 3. 具有分析和解决问题能力; 4. 具有创新意识,获取新知识、新技能的学习能力		
实施要求	1. 3 人一小组,相互配合,轮换练习; 2. 训练过程中,注意安全防护;穿戴好个人防护用品和用具,预防电弧光伤害,防止飞溅金属造成的灼伤和火灾,防止触电; 3. 严格遵守实训车间的规章制度		

【任务实施】

一、焊前准备

1. 设备

焊机型号:BX3 – 300(用于酸性焊条)或 ZX7 – 400(用于碱性焊条)。

2. 材料

（1）钢板　尺寸：$L \times B \times S = 120 \text{ mm} \times 80 \text{ mm} \times 10 \text{ mm}$，$L \times B \times S = 120 \text{ mm} \times 60 \text{ mm} \times 10 \text{ mm}$，材质：Q235，4块/人；

（2）焊条　E4303（J422），$\phi 3.2 \text{ mm}$ 或 E5015（J507），$\phi 3.2 \text{ mm}$，20根/人。

3. 辅助工具

敲渣锤、面罩、画线工具及个人劳保用品。

4. 焊前清理

焊前应对焊件表面的铁锈、油污、水分及其他污物进行清理，直至露出金属光泽。

二、操作步骤

1. 启动焊机

打开焊机电源开关。

2. 调节焊接参数

焊接参数见表1-14。

表1-14　立角焊焊接参数

焊接层次	焊丝直径/mm	焊接电流/A	引弧电流/A	推力电流/A	焊接电压/V
单层	3.2	120~130	20~50	0~20	21~22

3. 焊接操作

（1）操作姿势　立焊一般采用站姿、坐姿、蹲姿，如图1-29所示。

图1-29　立焊操作姿势

（a）站姿；（b）坐姿；（c）蹲姿

（2）在两块钢板端部按照图纸进行定位焊，焊缝长度15~20 mm；将其组合成T形材。

（3）在距离焊件端部10 mm处引弧，焊接打底层时，采用三角形运条如图1-30所示。建立熔池稍慢，左右稍作停留，上提稍快、下落稍慢。焊条角度如图1-31所示，接头与平角焊相同，收弧采用反复断弧法，填满弧坑。

（4）清理打底层焊道的焊渣。焊接盖面层（第二层）时，可采用锯齿形运条方法，如图1-30所示。建立熔池稍慢，左右稍作停留，中间快；焊道压在第一道2/3处。焊条角度如图1-31所示，接头与平角焊相同，收弧采用反复断弧法，填满弧坑。

清理盖面层（第二层）焊道的焊渣。焊接盖面层（第三层）时与盖面层（第二层）相似，焊道压在第一道1/2处。焊条角度如图1-31所示,接头与平角焊相同,收弧采用反复断弧法,填满弧坑。焊接时要保证熔池边缘的直线度。焊接结束后,关闭焊机,整理工具设备,清理打扫场地。

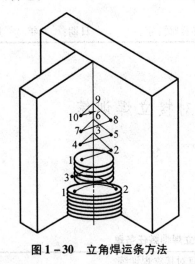

图1-30　立角焊运条方法　　　　图1-31　立角焊焊条角度

【任务评价】

任务评价单见表1-15。

表1-15　任务评价单

	序号	检测项目	配分	技术标准	实测情况	得 分
焊件评价	1	焊脚下踢	10分	无,若有每长10 mm扣5分		
	2	焊缝成形	20分	要求波纹细、均匀、光滑,否则每项扣5分		
	3	焊件变形	5分	允许1°,若>1°扣5分		
	4	接头	10分	要求不脱节、不凸高,否则每处扣5分		
	5	咬边	10分	深<0.5 mm,每长5 mm扣5分;深>0.5 mm,每长5 mm扣10分		
	6	安全文明生产	15分	服从管理、安全操作,酌情扣分		
	总分		70分	实训成绩		

	学号	姓名	评分(满分10分)	学号	姓名	评分(满分10分)
组内互评						
	注意:最高分与最低分相差最少3分,同分人最多3人,某一成员分数不得超平均分±3分					
组间互评						评分(满分10分)
教师评价						评分(满分10分)

续表 1 – 15

签字	任务完成人签字：　　　日期：　年　月　日
	指导教师签字：　　　日期：　年　月　日

任务四　V形坡口对接立焊训练

【实训任务单】

V形坡口对接立焊训练任务单见表1 – 16。

表1 – 16　V形坡口对接立焊训练任务单

任务名称	V形坡口对接立焊训练		
所需时间	6学时	所需场所	实训车间
任务描述	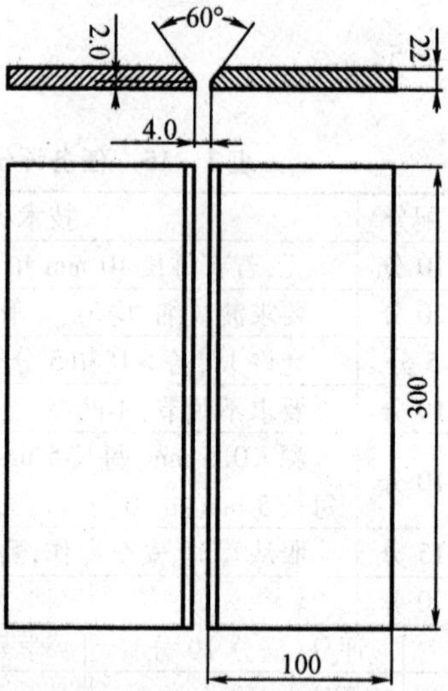 　上图所示为焊条电弧焊V形坡口对接立焊训练图样,是两块长300 mm、宽100 mm、厚度22 mm钢板组成V形坡口板材		
任务要求	技能要求: 1.能够熟练对焊条电弧焊焊接参数进行选择及调节; 2.熟练掌握焊条电弧焊三角形运条、月牙形运条、锯齿形运条方法; 3.熟练掌握焊条电弧焊立焊的操作技术 职业素质要求: 1.具有规范操作、安全操作和团结协作的优秀品质; 2.具有严谨认真的工作态度; 3.具有分析和解决问题能力; 4.具有创新意识,获取新知识、新技能的学习能力		

实施要求	1.3 人一小组,相互配合,轮换练习; 2.训练过程中,注意安全防护;穿戴好个人防护用品和用具,预防电弧光伤害,防止飞溅金属造成的灼伤和火灾,防止触电; 3.严格遵守实训车间的规章制度

【任务实施】

一、焊前准备

1.设备

焊机型号:BX3-300(用于酸性焊条)或 ZX7-400(用于碱性焊条)。

2.材料

(1)钢板　尺寸:$L \times B \times S = 300$ mm $\times 100$ mm $\times 22$ mm,材质:Q235,4 块/人;

(2)焊条　E4303(J422),$\phi 3.2$ mm 或 E5015(J507),$\phi 3.2$ mm,20 根/人。

3.辅助工具

敲渣锤、面罩、画线工具及个人劳保用品。

4.焊前清理

焊前应对焊件表面的铁锈、油污、水分及其他污物进行清理,直至露出金属光泽。

二、操作步骤

1.启动焊机

打开焊机电源开关。

2.调节焊接参数

焊接参数见表 1-17。

表 1-17　V 形坡口对接立焊焊接参数

焊接层次	焊丝直径/mm	焊接电流/A	引弧电流/A	推力电流/A	焊接电压/V
打底层	3.2	120~130	20~50	0~20	21~22
填充层	3.2	130~150	20~50	10~30	21~22
盖面层	3.2	130~150	20~50	10~30	21~22

3.焊接操作

(1)操作姿势与立角焊一样。

(2)在两块钢板背部按照图纸进行定位焊,焊缝长度 15~20 mm,装配间隙 2.5~4 mm,一头窄,一头宽,反变形量为 2°~3°,错变量不大于 0.5 mm。

(3)将工件垂直固定在工装上,间隙小的一端在下,向上立焊。在距离焊件端部 10 mm 处引弧,焊接打底层时,一般采用断弧法,电弧 1/3 对着坡口间隙,电弧 2/3 覆盖在熔池上;

当看见铁水向背面流动时,熄弧。熔池由红变黑时,引弧;控制背面成形,焊条角度如图1-32所示。

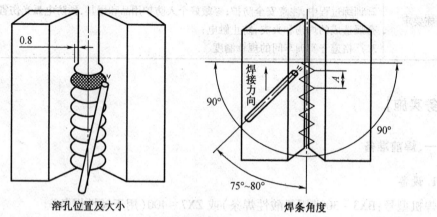

溶孔位置及大小　　　　　　　焊条角度

图1-32　打底焊的运条方法

(4)清理打底层焊道的焊渣,焊接接头过高的地方打磨平整。焊接填充层(第二层)时,可以一层一道或者一层两道;焊条角度比打底层下倾10°~15°,采用锯齿形运条或月牙形运条方法,如图1-32所示。建立熔池稍慢,左右稍作停留,中间快,摆动幅度逐渐增大,厚度低于坡口表面1~1.5 mm。运条方法如图1-33所示,接头与平角焊相同;收弧采用反复断弧法,填满弧坑。

清理填充层(第二层)焊道的焊渣,焊接接头过高的地方打磨平整。焊接盖面层(第三层)时与填充层(第二层)相同,运条方法如图1-34所示;焊接时要保证熔池边缘的直线度。焊接结束后,关闭焊机,整理工具设备,清理打扫场地。

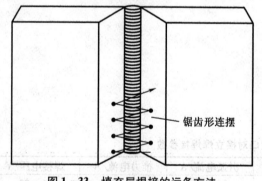

锯齿形连摆

图1-33　填充层焊接的运条方法

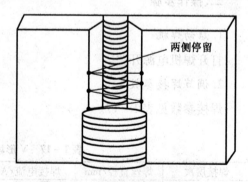

两侧停留

图1-34　盖面层焊接的运条方法

【任务评价】

任务评价单见表1-18。

表 1 - 18 任务评价单

	序号	检测项目	配分	技术标准	实测情况	得分
焊件评价	1	焊缝余高	10分	余高 0.5 ~ 1.5 mm,每超差 1 mm 扣 5 分		
	2	焊缝背面宽度	5分	宽度 12 ~ 14 mm,每超差 1 mm 扣 2 分		
	3	焊缝成形	10分	要求美观、均匀、波纹细,否则每项扣 5 分		
	4	咬边	10分	深 <0.5 mm,每长 10 mm 扣 5 分;深 >0.5 mm,每长 5 mm 扣 10 分		
	5	焊瘤	10分	无,若有每处扣 2 分,否有 <2° 扣 5 分, >2° 扣 10 分		
	6	变形	10分	允许 1°,每超 1° 扣 5 分		
	7	安全文明生产	15分	安全文明操作,酌情扣分		
	总分		70分	实训成绩		

	学号	姓名	评分(满分 10 分)	学号	姓名	评分(满分 10 分)
组内互评						

注意:最高分与最低分相差最少 3 分,同分人最多 3 人,某一成员分数不得超平均分 ±3 分

组间互评	评分(满分 10 分)
教师评价	评分(满分 10 分)

签字	任务完成人签字: 日期: 年 月 日
	指导教师签字: 日期: 年 月 日

【知识拓展】

焊条电弧焊设备的常见故障及排除方法

1. 弧焊整流器的常见故障及排除方法

弧焊整流器的常见故障、产生原因及排除方法,见表 1 - 19。

表 1 - 19 弧焊整流器的常见故障、产生原因及排除方法

常见故障	产生原因	排除方法
空载电压过低	1. 网路电压过低	1. 调整电压至额定值
	2. 变压器一次绕组匝间短路	2. 消除短路处
	3. 磁力启动器接触不良	3. 恢复接触良好

续表 1－19

常见故障	产生原因	排除方法
焊接电流不稳定	1. 主回路交流接触器接触抖动 2. 风压开关抖动 3. 控制线圈接触不良	1. 消除抖动现象 2. 消除风压开关抖动 3. 恢复接触良好
风扇电动机不转	1. 熔丝熔断 2. 电动机线圈断线 3. 按钮开关触头接触不良	1. 更换熔丝 2. 恢复电动机 3. 修复按钮开关
焊接电流调节失灵	1. 控制线圈匝间短路 2. 焊接电流控制器接触不良 3. 整流器控制回路中元件击穿	1. 消除控制线圈的短路 2. 恢复接触良好 3. 更换元件
焊接电流范围调不到	1. 控制线圈极性接反 2. 反馈强度未调整好 3. 控制线圈短路	1. 变换极性 2. 调整好反馈强度 3. 调换控制线圈
焊接过程中电弧电压突然降低	1. 主回路全部或部分产生短路 2. 晶闸管元件击穿 3. 控制回路断路	1. 检查和修复线路 2. 更换晶闸管元件 3. 检修控制回路
弧焊整流器外壳带电	1. 电源线误触外壳 2. 变压器、电抗器、风扇及控制线路元件等碰外壳 3. 弧焊整流器未接地或接触不良	1. 检查并消除碰壳现象 2. 检查并逐一消除 3. 接好接地线并保持完好

2. 弧焊逆变器的常见故障及排除方法

弧焊逆变器的常见故障、产生原因及排除方法,见表 1－20。

表 1－20　弧焊逆变器的常见故障、产生原因及排除方法

常见故障	产生原因	排除方法
焊机不工作或无空载电压	1. 输入电源线接线不良 2. 电源开关损坏 3. 控制变压器损坏或串接的 0.5A 熔丝熔断 4. 控制线路板故障 5. 控制选择开关位置不当	1. 拧紧接线螺丝 2. 更换电源开关 3. 修理控制变压器和调换熔丝 4. 调换备用控制线路印刷板 5. 将开关放在正确位置
开机后空载电压低且有几十安培电流	1. 电极在开机前与工件短路 2. 焊机内部输出端短路	1. 消除接触点 2. 消除短路点
有空载电压,但无正常的焊接电源	1. 输出电压信号未送入控制线路印刷板 2. 控制线路印刷板损坏	1. 检查焊机输出端与控制线路板插座连接线是否良好 2. 调换印刷板
焊接电流不稳定	1. 焊机输出电源线接触不良 2. 快速电缆连接器未拧紧 3. 电焊条或焊钳接触不良	1. 拧紧接线螺丝 2. 拧紧电缆连接器 3. 更换电焊条或焊钳

项目二 CO_2 气体保护焊实训

【项目描述】

CO_2 气体保护焊是 20 世纪 50 年代发展起来的一种新的焊接技术,广泛应用于造船、锅炉及压力容器、机械制造、矿山机械、化工设备、航天航空等行业。

CO_2 气体保护焊实训是一门实践性较强的专业课程,通过本项目的学习,学生应达到以下要求。

一、知识要求

1. 了解 CO_2 气体保护焊的工作原理;
2. 掌握 CO_2 气体保护焊设备的安装和使用方法;
3. 掌握 CO_2 气体保护焊焊接参数的选择及调节方法;
4. 了解 CO_2 气体保护焊焊接材料的分类及牌号;
5. 掌握 CO_2 气体保护焊的基本操作技能。

二、能力要求

1. 能够熟练安装和使用 CO_2 气体保护焊焊接设备;
2. 能够正确选择 CO_2 气体保护焊焊接参数;
3. 能够掌握 CO_2 气体保护焊的操作技能。

三、素质要求

1. 具有规范操作、安全操作、认真负责的工作态度;
2. 具有沟通能力及团队合作精神;
3. 具有质量意识、安全意识和环境保护意识;
4. 具有分析问题、解决问题的能力;
5. 具有勇于创新、敬业乐业的工作作风。

【相关知识】

一、CO_2 气体保护焊的工作原理

CO_2 气体保护焊是以 CO_2 气体作为保护气体,填充金属丝作为电极的一种熔化极电弧焊方法,简称 CO_2 焊。CO_2 气体在工作时通过焊枪喷嘴沿焊丝周围喷射出来,在电弧周围造成局部的气体保护层使熔滴和熔池与空气机械地隔离开来,从而保护焊接过程稳定持续地进行,并获得优质的焊缝。CO_2 气体保护焊的原理如图 2 - 1 所示。

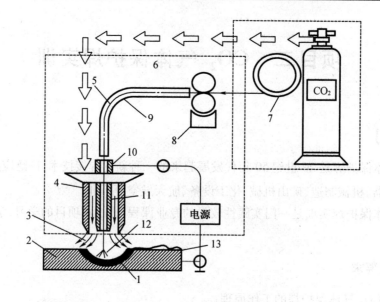

图2-1 CO₂焊的原理示意图

1—熔池;**2**—焊件;**3**—CO₂气体;**4**—喷嘴;**5**—焊丝;**6**—焊接设备;**7**—焊丝盘;
8—送丝机构;**9**—软管;**10**—焊枪;**11**—导电嘴;**12**—电弧;**13**—焊缝

二、CO₂ 气体保护焊设备

CO₂ 气体保护焊所用的设备分为半自动 CO₂ 气体保护焊设备和全自动 CO₂ 气体保护焊设备两类。下面以半自动 CO₂ 气体保护焊设备为主进行介绍。

半自动 CO₂ 气体保护焊设备由焊接电源、送丝系统、焊枪、供气系统、控制系统等几部分组成,如图 2-2 所示。而全自动 CO₂ 气体保护焊设备则除上述几部分外还有焊车行走机构,如图 2-3 所示。

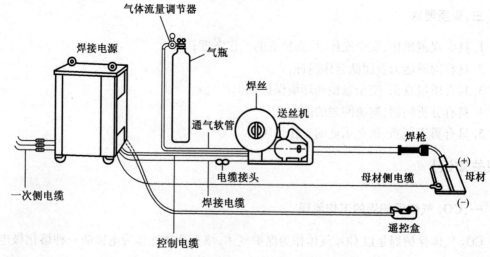

图2-2 半自动 CO₂ 气体保护焊设备

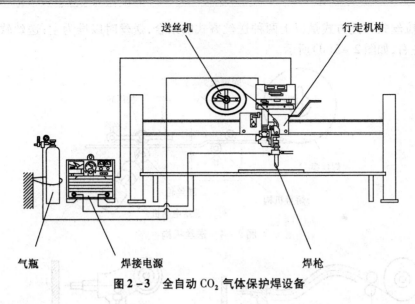

图 2 – 3 全自动 CO_2 气体保护焊设备

1. 焊接电源

CO_2 气体保护焊一般采用直流电源且采用反极性连接。

（1）CO_2 气体保护焊电源的种类 根据焊接参数、调节方法的不同，焊接电源可分为以下两类：

①一元化调节电源 电源只需要一个旋钮调节焊接电流，控制系统自动使电弧电压保持在最佳状态，如果操作者对所焊焊缝成形不满意，可适当调节焊接电压，以保持最佳匹配，这种调节方式焊机使用时特别方便。

②多元化调节电源 电源的焊接电流和电弧电压分别用两个旋钮调节，但用这种控制方式调节焊接参数比较麻烦。

（2）CO_2 气体保护焊电源型号 国产 CO_2 气体保护焊电源型号的表示方法一般是由汉语拼音和数字所组成。

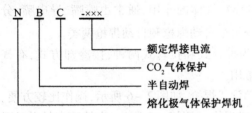

2. 送丝系统

送丝系统通常由送丝机构（图 2 – 4）、送丝软管、焊丝盘等组成。

（1）送丝方式 CO_2 气体保护焊通常采用等速送丝。按其送丝机构的送丝方式可分为推丝式、拉丝式和推拉丝式三种，如图 2 – 5 所示。

①推丝式 主要应用于直径为 $0.8 \sim 2.0$ mm 的焊丝，是应用最广的一种送丝方式，如图 2 – 5（a）所示，软管长度 $2 \sim 5$ m。

②拉丝式 主要用于直径小于或等于 0.8 mm 的细焊丝，因为焊丝刚性小，难以推丝。它又分为两种形式，一种将焊丝盘和焊枪分开，两者用送丝软管联系起来，如图 2 – 5（b）所示。另一种直接将送丝机构和焊丝盘装在焊枪上，如图 2 – 5（c）所示。

③推拉丝式 此方式是以上两种送丝方式的结合,送丝时以推为主;送丝软管可加长到 15 m 左右,如图 2 – 5(d)所示。

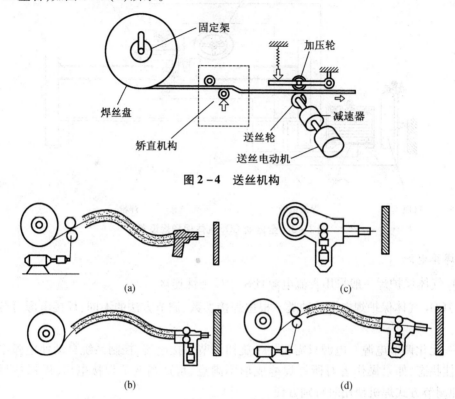

图 2 – 4 送丝机构

图 2 – 5 半自动 CO_2 气体保护焊焊机送丝方式示意图
(a)推丝式;(b)、(c) 拉丝式;(d)推拉丝式

3. 焊枪

焊枪主要起到传导焊接电流、导送焊丝和 CO_2 气体的作用,通常由喷嘴、导电嘴、分流器、接头、枪体和弹簧软管组成。按其用途可分为半自动焊枪和自动焊枪两类。

(1)半自动焊枪 按焊丝给送方式,可分为推丝式和拉丝式两种;按冷却方式,有气冷式和水冷式两种,因水冷式比较复杂,一般不常用。

推丝式焊枪常用的形式有两种。一种是鹅颈式焊枪,如图 2 – 6 所示,操作比较方便、灵活,适用于小直径焊丝的焊接。另一种是手枪式焊枪,如图 2 – 7 所示,它的特点是送丝阻力较小,但重心不在手握部分,操作时不太灵活,适用于焊接除水平面以外的空间焊缝。

拉丝式焊枪主要特点是送丝均匀稳定,焊枪的活动范围大,但因送丝机构和焊丝盘都装在焊枪上,所以焊枪比较笨重,结构较复杂,通常适用于直径约为 0.5 ~ 0.8 mm 的细丝焊接。

(2)焊枪的喷嘴和导电嘴 喷嘴是焊枪上的重要零件,其作用是向焊接区域输入保护气体,以防止焊丝端头、电弧和熔池与空气接触。喷嘴内孔直径通常为 16 ~ 22 mm,常用纯铜或陶瓷材料制造。

导电嘴的材料要求导电性良好、耐磨性好和熔点高,一般选用纯铜、铬青铜材料制造。通常焊丝嘴的孔径比焊丝直径大 0.2 mm 左右。

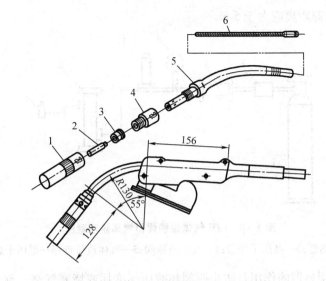

图 2 - 6　鹅颈式焊枪
1—喷嘴;2—导电嘴;3—分流器;4—接头;5—枪体;6—弹簧软管

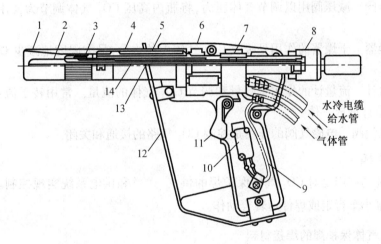

图 2 - 7　手枪式水冷焊枪
1—焊枪;2—焊嘴;3—喷管;4—水筒装配件;5—冷却水通路;6—焊枪架;7—焊枪主体装配件;8—螺母;
9—控制电缆;10—开关控制杆;11—微型开关;12—防弧盖;13—金属丝通路;14—喷嘴内管

（3）分流器　分流器是用绝缘陶瓷制造而成的,上有均匀分布的小孔,从枪体中喷出的保护气体经分流器后,从喷嘴中呈层流状均匀喷出,可改善保护效果。

（4）导管电缆　导管电缆的外面为橡胶绝缘管,内有弹簧软管、纯铜导电电缆、保护气管和控制线,标准长度为 3 m。

4. 供气系统

供气系统通常由气瓶、预热器、减压阀、流量计及电磁气阀等组成,如气体不纯,还需串接高压和低压干燥器,如图 2 - 8 所示。

（1）CO_2 气瓶　瓶体为铝白色,漆有"液化二氧化碳"黑色字样;CO_2 气瓶的容量为 40 L,可装 25 kg 的液态 CO_2,约占容积的 80%,其余 20% 左右的空间则充满 CO_2 气体。瓶内有液态 CO_2 时,气态 CO_2 的压力为 4.90 ~ 6.86 MPa。CO_2 气瓶应小心轻放,竖立固定,防止倾倒。气瓶与热源距离应大于 5 m。

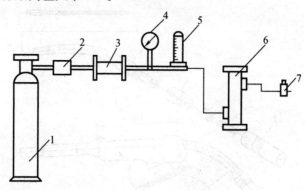

图 2 - 8　CO_2 气体保护焊供气系统示意图
1—气瓶;**2**—预热器;**3**—高压干燥器;**4**—气体减压阀;**5**—气体流量计;**6**—低压干燥器;**7**—气阀

（2）预热器　预热器的作用是防止瓶阀和减压阀冻坏或堵塞气路。预热器的功率一般为 100 W 左右,电压应低于 36 V,外壳接地。

（3）减压阀　减压阀用以调节气体压力,将瓶内高压 CO_2 气体调节为使用压力的低压气体。

（4）干燥器　干燥器的作用是吸收 CO_2 气体中的水分,最大限度地减少 CO_2 气体中的水分含量。

（5）流量计　流量计的作用是测量和调节 CO_2 气体的流量。常用转子流量计,也可把减压器和流量计做成一体。

（6）电磁气阀　电磁气阀的作用是控制 CO_2 气路的接通和关闭。

5. 控制系统

控制系统的作用是对 CO_2 气体保护焊的供气、送丝和供电系统实现控制。自动焊时,还要完成焊接小车行走或焊件运转等动作。

三、CO_2 气体保护焊的焊接材料

CO_2 气体保护焊所用的焊接材料包括 CO_2 气体和焊丝。

1. CO_2 气体

焊接用的 CO_2 气体,一般是将其压缩成液体贮存于钢瓶内,纯度要求大于 99.5% ,含水量不超过 0.05% 。

当 CO_2 气瓶内的压力低于 1 MPa(即 10 个大气压)时,应停止使用,否则会降低焊缝的力学性能,易产生气孔。

2. 焊丝型号、牌号及规格

CO_2 气体保护焊焊丝通常分为实心焊丝和药芯焊丝两种。实心焊丝是由金属线材直接拉拔而成的焊丝;药芯焊丝是将薄钢带卷成圆形钢管或异形钢管的同时,在其中填满一定成分的药剂,经拉制而成的焊丝。

（1）焊丝型号　焊丝型号由三部分组成,ER 表示焊丝,ER 后面的两位数字表示熔敷金属的最小抗拉强度,短线" - "后面的字母或数字表示焊丝的化学成分及分类代号。

焊丝型号举例：

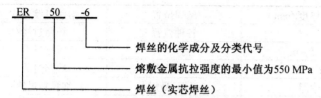

ER　50　-6

焊丝的化学成分及分类代号
熔敷金属抗拉强度的最小值为550 MPa
焊丝（实芯焊丝）

（2）焊丝牌号　实芯焊丝牌号编制方法为：首字母"H"表示实芯焊丝，字母"H"后的一位或两位数字表示焊丝的含碳量平均约数，单位为万分之一（0.01%）；化学元素符号及其后面的数字表示该元素含量的平均约数，单位为百分之一（1%），合金元素含量小于等于1%时，该元素化学符号后面的数字1省略；焊丝牌号尾部标有"A"或"E"时，"A"表示为优质品，"E"表示为高级优质品。

焊丝牌号举例：

H　08　Mn2　Si　A

优质（S、P含量均≤0.03%）
Si含量≤1%
Mn含量约2%
C含量约0.08%
焊丝

CO₂ 气体保护焊常用焊丝的牌号、化学成分和用途，见表 2-1。

表 2-1　CO₂ 气体保护焊常用焊丝牌号和型号及用途

焊丝牌号	焊丝型号	用途
H08Mn2SiA	ER 49-1	用于焊接低碳钢及某些低合金结构钢
H11Mn2SiA	ER 50-2	用于焊接碳钢及 500 MPa 级的造船、桥梁等结构用钢

（3）焊丝规格　CO₂ 气体保护焊所用的焊丝直径在 0.5~5 mm 范围内，常用的焊丝直径为 $\phi0.6$ mm、$\phi0.8$ mm、$\phi1.0$ mm、$\phi1.2$ mm、$\phi2.0$ mm、$\phi2.5$ mm、$\phi3.0$ mm、$\phi4.0$ mm 及 $\phi5.0$ mm 等几种，其中 $\phi0.6$ mm、$\phi0.8$ mm、$\phi1.0$ mm、$\phi1.2$ mm 的焊丝用于半自动 CO₂ 气体保护焊，$\phi2.0$ mm、$\phi2.5$ mm、$\phi3.0$ mm、$\phi4.0$ mm、$\phi5.0$ mm 的焊丝用于全自动 CO₂ 气体保护焊。

四、CO₂ 气体保护焊的焊接参数

CO₂ 气体保护焊的焊接参数主要包括焊丝直径、焊接电流、电弧电压、焊接速度、焊丝伸出长度、气体流量、电源极性、回路电感、焊枪倾角及喷嘴至焊件的距离等。

1. 焊丝直径

焊丝直径越大，允许使用的焊接电流越大，通常根据焊件的厚度、坡口形式、焊接空间位置及生产效率等条件来选择。焊接薄板或中厚板的立、横、仰焊时，多采用 $\phi1.6$ mm 以下的焊丝；焊接中厚板平焊时，可以采用 $\phi1.2$ mm 以上的焊丝，焊丝直径的选择见表 2-2。

表 2-2 焊丝直径的选择

焊丝直径/mm	焊件厚度/mm	施焊位置	熔滴过渡形式
0.8	1~3	各种位置	短路过渡
1.0	1.5~6	各种位置	短路过渡
1.2	2~12	各种位置	短路过渡
	中厚	平焊、横焊	细颗粒过渡
1.6	6~25	各种位置	短路过渡
	中厚	平焊、横焊	细颗粒过渡
2.0	中厚	平焊、横焊	细颗粒过渡

目前国内普遍采用的焊丝直径主要有 0.8 mm、1.0 mm、1.2 mm、1.6 mm 和 2.0 mm 五种。

2. 焊接电流

焊接电流应根据焊件的厚度、母材成分、焊接速度、焊丝直径、焊接位置及要求、熔滴过渡形式来确定焊接电流的大小。通常直径为 0.8~1.6 mm 的焊丝,短路过渡的焊接电流在 40~230 A 范围内;细颗粒过渡的焊接电流在 250~500 A 范围内。焊丝直径与焊接电流的关系见表 2-3。

表 2-3 焊丝直径与焊接电流的关系

焊丝直径/mm	焊接电流/A	适用板厚/mm
0.6	40~100	0.6~1.6
0.8	50~150	0.8~2.3
1.0	90~250	1.2~6
1.2	120~350	2.0~10
1.6	300 以上	6.0 以上

3. 电弧电压

电弧电压必须与焊接电流匹配。通常焊接电流小时,电弧电压较低;焊接电流大时,电弧电压较高;电弧电压过高或过低对电弧的稳定性、焊缝成形以及飞溅、气孔的产生都有不利的影响。短路过渡时,电弧电压通常在 16~24 V 范围内;细滴过渡时,对于直径为 1.2~3.0 mm 的焊丝,电弧电压在 25~36 V 范围内。电流与电弧电压匹配值见表 2-4。

表 2-4 CO_2 气体保护焊接时不同焊接电流的电弧电压匹配值

焊接电流范围/A	电弧电压/V	
	平焊	横焊、立焊和仰焊
75~120	18~19	18~19
130~170	19~23	18~21
180~210	20~24	18~22

对于使用平特性电源的 CO_2 气体保护焊,当所用的焊丝直径为 0.8~1.6 mm 时,在短路过渡时,电弧电压可按下述经验公式进行推算。

$U = 0.04I + 16 \pm 1.5 \quad (I < 300 \text{ A})$

$U = 0.04I + 20 \pm 2.0 \quad (I \geqslant 300 \text{ A})$

式中　U 为电弧电压，I 为焊接电流。

4. 焊接速度

通常半自动 CO₂ 气体保护焊，熟练焊工的焊接速度为 15~40 m/h，全自动 CO₂ 气体保护焊，焊接速度可高达 150 m/h 以上。

5. 焊丝伸出长度

焊丝伸出长度是指从导电嘴到焊丝端头的距离。焊丝伸出长度，与焊接电流大小有关，$I < 300$ A 时，$L = (10 \sim 15) \phi_{\text{焊丝}}$；$I \geqslant 300$ A 时，$L = (10 \sim 15) \phi_{\text{焊丝}} + 5$ mm；一般在 5~15 mm 范围内。

6. 电流极性与回路电感

焊接回路的电感值应根据焊丝直径和电弧电压来选择，不同直径焊丝的合适电感值见表 2 - 5 所示。

表 2 - 5　不同直径焊丝合适的电感值

焊丝直径/mm	0.8	1.2	1.6
电感值/mH	0.01~0.08	0.10~0.16	0.30~0.70

7. 气体流量

CO₂ 气体的流量，应根据焊接电流、焊接速度、焊丝伸出长度及喷嘴直径等进行选择。通常细丝 CO₂ 气体保护焊时，流量为 8~15 L/min，粗丝 CO₂ 气体保护焊时，流量为 15~25 L/min。

8. 焊枪的倾角

当焊枪倾角小于 10°时，不论是前倾还是后倾，对焊接过程及焊缝成形都没有明显的影响；但倾角过大（如前倾角大于 25°时），将增加熔宽并减小熔深，还会增加飞溅。

CO₂ 气体保护焊多数情况下采用左向法焊接，前倾角为 10°~15°，这样不仅可得到较好的焊缝成形，而且能够清楚地观察和控制熔池。

9. 喷嘴与焊件间距离

喷嘴与焊件间距离应根据焊接电流来选择，如图 2 - 9 所示。

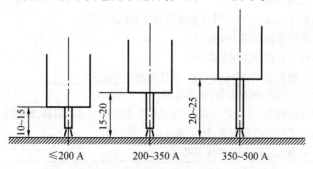

图 2 - 9　喷嘴与焊件间距离和焊接电流的关系

【实训任务】

任务一 平敷焊训练

【实训任务单】

平敷焊训练任务单见表 2-6。

表 2-6 平敷焊训练任务单

任务名称	平敷焊训练		
所需时间	12 学时	所需场所	实训车间
任务描述	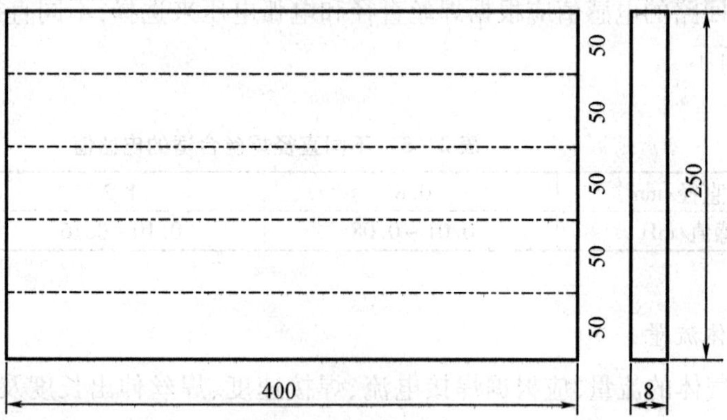 上图所示为 CO_2 气体保护焊平敷焊训练图样,是一块长 400 mm、宽 250 mm、厚度 8 mm 的钢板。		
任务要求	技能要求: 1. 能熟练安装使用 CO_2 气体保护焊焊接设备; 2. 能够熟练对 CO_2 气体保护焊焊接参数进行选择及调节; 3. 熟练掌握 CO_2 气体保护焊引弧、熄弧的基本操作技术; 4. 熟练掌握 CO_2 气体保护焊直线形、直线往返形、锯齿形运条方法; 5. 熟练掌握 CO_2 气体保护焊焊缝的起头、收尾、连接的操作技术; 6. 能够清楚辨别出熔渣和焊渣。 职业素质要求: 1. 具有规范操作、安全操作和团结协作的优秀品质; 2. 具有严谨认真的工作态度; 3. 具有分析和解决问题能力; 4. 具有创新意识,获取新知识、新技能的学习能力		
实施要求	1. 3 人一小组,相互配合,轮换练习; 2. 训练过程中,注意安全防护;穿戴好个人防护用品和用具,预防电弧光伤害,防止飞溅金属造成的灼伤和火灾,防止触电; 3. 严格遵守实训车间的规章制度		

【任务实施】

一、焊前准备

1. 设备

焊机型号:NBC – 400。

2. 材料

(1)钢板　尺寸:$L \times B \times S = 400\ mm \times 250\ mm \times 8\ mm$,材质:Q235,4 块/人;

(2)焊丝　牌号:H08Mn2SiA,直径:$\phi 1.2\ mm$。

3. 辅助工具

敲渣锤、錾子、钢丝刷、焊缝测量器、角向磨光机、面罩、画线工具及个人劳保用品。

4. 焊前清理、画线

焊前应对焊件表面的氧化皮、铁锈、油污、水分及其他污物进行清理,直至露出金属光泽。在焊件上用石笔画出数条每隔 50 mm 的平行直线作为焊缝的位置线。

二、操作步骤

1. 连接焊接设备

(1)连接电源　按安全规程接好地线,连接三相 380 V 的电源线时,不需要定相位。

(2)供气系统、送丝系统的连接　将气瓶固定在一个稳定的刚性支架上,防止倾倒。连接特殊电缆到送丝机和主机,插头旋紧到位,主电缆用螺丝分别紧固在送丝机“焊枪电缆”螺柱和主电流输出“ + ”端。连接地线电缆到焊接电源输出“ – ”端并紧固。

连接送丝机管到焊接电源“气体出口”并扎紧,连接焊枪到送丝机“焊枪接头”,并旋紧到位。

连接焊枪导电电缆到送丝机“焊枪电缆”螺柱上,并紧固。连接焊枪气管到送丝机“气体出口”,两端扎紧。连接焊枪控制电缆到送丝机“焊枪控制”插座上,并旋紧到位。

2. 试机

(1)将焊丝装入送丝机的轴上,请注意焊丝的出丝方向要正确,旋紧轴端的挡板旋钮。

(2)开机调节气体流量及送丝　先检查气体流量,将流量计开关调节下降至松动位置,后打开 CO₂ 气瓶顶部的气阀;将焊机面板上气体检查开关拨到“检查”位置,调节气体流量开关至合适位置;此时,则有气体由焊枪端部出口处喷出。

采用手动送丝,将送丝机上的送丝开关拨到手动送丝位置,即开始手动送丝,调节遥控盒焊接电流旋钮,可改变送丝速度的快慢。当焊枪导电嘴处焊丝伸出 10 ~ 15 mm 时,立即将送丝开关拨到自动送丝位置,送丝停止。

3. 调节焊接参数

焊接参数见表 2 – 7。

表 2 – 7　平敷焊焊接参数

焊接层次	焊丝直径/mm	焊接电流/A	焊接电压/V	气体流量/(L/min)	干伸长度/mm	电源极性
单层	1.2	130 ~ 150	20 ~ 22	15 ~ 20	10 ~ 15	直流反接

4．焊接操作

（1）持枪姿势　由于 CO_2 气体保护焊的焊枪比焊条电弧焊的焊钳重，焊枪后面又拖了一根沉重的送丝导管，因此操作时比较吃力。焊接不同位置焊缝时的正确持枪姿势如图 2 – 10 所示。

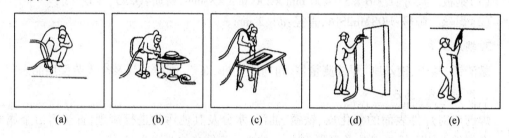

图 2 – 10　正确的持枪姿势
（a）蹲位平焊；（b）坐位平焊；（c）立位平焊；（d）站位立焊；（e）站位仰焊

通常采用站立或下蹲姿势，上半身稍向前倾，脚要站稳，肩部用力使臂膀抬至保持水平，右手握焊枪，但不要握得太死，要自然，并用手控制枪柄上的开关，左手持面罩。

（2）焊枪运动方向　直线焊接焊枪的运动方向有两种：一种是焊枪自右向左移动，称为左焊法；另一种是焊枪自左向右移动，称为右焊法，如图 2 – 11 所示。一般 CO_2 气体保护焊均采用左焊法，前倾角为 $10° ~ 15°$，焊枪与焊件间的倾角与接头的形式有关，平敷焊为 $90°$。

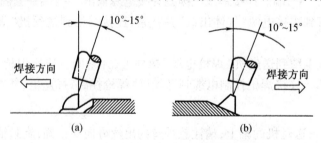

图 2 – 11　CO_2 气体保护焊焊枪的运动方向
（a）左焊法；（b）右焊法

（3）引弧　采用直接短路法引弧，引弧前先将焊丝端头较大直径球形剪去使之成锐角，以防产生飞溅，同时保持焊丝端头与焊件相距 2 ~ 3 mm（不要接触过紧），喷嘴与焊件相距 10 ~ 15 mm。按动焊枪开关，随后自动送气、送电、送丝，直至焊丝与工作表面相碰短路，引燃电弧，此时焊枪有抬起趋势，必须用均衡的力来控制好焊枪，将焊枪向下压，尽量减少焊枪回弹，保持喷嘴与焊件间距离；然后慢慢引向待焊处，当焊缝金属熔合后，再以正常焊接速度施焊；引弧成功后，调节遥控盒上的电压调节和电流调节旋钮，使电弧稳定、柔和。

（4）运丝方式　CO_2 气体保护焊焊丝运丝方式和焊条电弧焊一样，主要练习直线形、直线往返形、锯齿形、月牙形运条方法。

（5）收弧　CO_2 气体保护焊收弧有两种方式。

①CO_2 气体保护焊机有弧坑控制电路，则焊枪在收弧处停止前进，按动收弧开关，启动收弧电流、电压，随即将焊枪稍稍压低一些，原位继续收弧焊接，待弧坑填满后松开焊枪开关，稍等片刻（滞后关气）移开焊枪。

②若 CO_2 气体保护焊焊机没有弧坑控制电路或因焊接电流小没有使用弧坑控制电路时，在收弧处焊枪停止前进，并在熔池未凝固时，反复断弧、引弧几次，直至弧坑填满为止。操作时动作要快，若熔池已凝固才引弧，则可能产生未熔合、气孔等缺陷。

操作时需要特别注意，收弧时焊枪除停止前进外不能抬高喷嘴，即使弧坑已填满，电弧已熄灭，也要让焊枪在弧坑处停留几秒钟后再离开。因为熄弧后，控制电路仍保持延时送气一段时间，以保证熔池凝固时得到可靠的保护，若收弧时抬高焊枪，则容易因保护不良引起缺陷。

（6）焊缝接头连接的方法　CO_2 气体保护焊不可避免地产生接头，连接的方法有直线无摆动焊缝连接方法和摆动焊缝连接方法两种。

①直线无摆动焊缝连接的方法。在原熔池前方 10 ~ 12 mm 处引弧，然后迅速将电弧引向原熔池中心待熔化金属与原熔池边缘吻合，填满弧坑后，再将电弧引向前方使焊丝保持一定的高度和角度，并以稳定的速度向前。

②摆动焊缝连接的方法。在原熔池前方 10 ~ 20 mm 处引弧，然后以直线方式将电弧引向接头处，在接头中心开始摆动，在向前移动的同时逐渐加大摆幅（保持形成的焊缝与原焊缝宽度相同）最后转入正常焊接。

5. 操作过程要求

实训学生在引燃电弧后，能根据焊接情况自行调节焊接电流。要求实训学生按指导教师示范动作进行操作，教师巡查指导，主要检查焊接电流、电弧长、运丝方法等，若出现问题，及时解决，必要时再进行个别示范。

焊接操作结束时，应先关闭气瓶总开关，再将气体保护开关拨到检查位置、流量计压力表指针回到"0"位置，调节流量计的流量旋钮，向左旋到关闭位置；关闭焊机的电源开关，最后将气体保护开关由"检查"位拨回"焊接"位置，断开在开关箱中的总电源开关；整理工具设备，清理打扫场地。

【任务评价】

任务评价单见表 2 - 8。

表 2 - 8　任务评价单

	序号	检测项目	配分	技术标准	实测情况	得 分
焊件评价	1	焊缝宽度	10 分	宽 8 ~ 12 mm，每超差 1 mm 扣 2 分		
	2	焊缝成形	20 分	要求波纹细、均匀、光滑，否则每项扣 5 分		
	3	弧坑	5 分	弧坑饱满，否则每处扣 5 分		
	4	接头	10 分	要求不脱节，不凸高，否则每处扣 5 分		
	5	咬边	10 分	深 <0.5 mm，每长 5 mm 扣 5 分；深 >0.5 mm，每长 5 mm 扣 10 分		
	6	安全文明生产	15 分	服从管理、安全操作，酌情扣分		
		总分	70 分	实训成绩		

续表 2 - 8

	学号	姓名	评分(满分 10 分)	学号	姓名	评分(满分 10 分)
组内互评						
	注意:最高分与最低分相差最少 3 分,同分人最多 3 人,某一成员分数不得超平均分 ±3 分					
组间互评						评分(满分 10 分)
教师评价						评分(满分 10 分)
签字				任务完成人签字: 指导教师签字:	日期:　年　月　日 日期:　年　月　日	

任务二　V 形坡口对接立焊训练

【实训任务单】

V 形坡口对接立焊训练任务单见表 2 - 9。

表 2 - 9　V 形坡口对接立焊训练任务单

任务名称	V 形坡口对接立焊训练		
所需时间	12 学时	所需场所	实训车间
任务描述	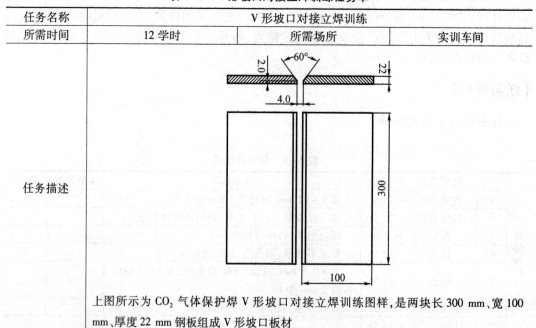上图所示为 CO_2 气体保护焊 V 形坡口对接立焊训练图样,是两块长 300 mm、宽 100 mm、厚度 22 mm 钢板组成 V 形坡口板材		

续表 2 - 9

任务要求	技能要求： 1.能够熟练对 CO_2 气体保护焊焊接参数进行选择及调节； 2.熟练掌握 CO_2 气体保护焊月牙形运条、锯齿形运条方法； 3.熟练掌握 CO_2 气体保护焊立焊的操作技术 职业素质要求： 1.具有规范操作、安全操作和团结协作的优秀品质； 2.具有严谨认真的工作态度； 3.具有分析和解决问题能力； 4.具有创新意识，获取新知识、新技能的学习能力
实施要求	1.3 人一小组，相互配合，轮换练习； 2.训练过程中，注意安全防护：穿戴好个人防护用品和用具，预防电弧光伤害，防止飞溅金属造成的灼伤和火灾，防止触电； 3.严格遵守实训车间的规章制度

【任务实施】

一、焊前准备

1.设备

焊机型号：NBC - 400。

2.材料

(1)钢板　尺寸：$L \times B \times S = 300$ mm $\times 100$ mm $\times 22$ mm，材质：Q235，4 块/人；

(2)焊丝　牌号：H08Mn2SiA，直径：$\phi 1.2$ mm。

3.辅助工具

敲渣锤、錾子、钢丝刷、焊缝测量器、角向磨光机、面罩、画线工具及个人劳保用品。

4.焊前清理

焊前应对焊件表面的铁锈、油污、水分及其他污物进行清理，直至露出金属光泽。

二、操作步骤

1.试机

打开焊机电源开关，试机。

2.调节焊接参数

焊接参数见表 2 - 10。

表 2 – 10　板对接向上立焊焊接参数

焊接层次	焊丝直径/mm	焊接电流/A	焊接电压/V	气体流量/(L/min)	干伸长度/mm	电源极性
打底层	1.2	90 ~ 95	18 ~ 22	10 ~ 12	10	直流反接
		90 ~ 110		12 ~ 15		
填充层		110 ~ 120	20 ~ 22	12 ~ 15	10 ~ 15	
		130 ~ 150		15 ~ 20		
盖面层		110 ~ 120		12 ~ 15		
		130 ~ 150		15 ~ 20		

3. 焊接操作

（1）在两块钢板背部按照图纸进行定位焊，焊缝长度 15 ~ 20 mm；装配间隙 2.5 ~ 3.5 mm，一头窄，一头宽，反变形量为 2° ~ 3°；错变量不大于 0.5 mm。

（2）将工件垂直固定在工装上，间隙小的一端在下，向上立焊。在距离焊件端部10 mm 处引弧，焊枪和焊件角度如图 2 – 12 所示。

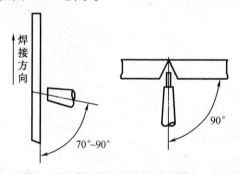

图 2 – 12　板对接向上立焊焊枪的角度

（3）焊接打底层时，一般采用小间距锯齿形运条或者间距稍大的上凸的月牙形运条，下凸的月牙形运条使焊道表面下坠。焊枪摆动手法，如图 2 – 13 所示。

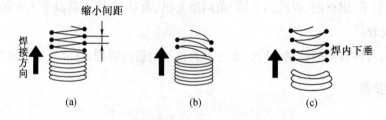

图 2 – 13　向上立焊焊枪摆动手法
（a）小间距锯齿形摆动；（b）上凸的月牙形摆动；（c）下凸的月牙形摆动（不正确）

（4）焊接过程中要注意熔池和熔孔的变化，熔池不能太大，左右摆动的电弧将坡口两侧根部击穿，每边熔化 0.5 ~ 1 mm 即可，保持熔孔的尺寸大小一致，且向上移动间隙均匀，如图 2 – 14 所示。

（5）清理打底层焊道的焊渣，焊接接头过高的地方打磨平整。焊接填充层（第二层）时，摆动幅度比打底焊大；左右稍作停留，中间快；摆动幅度逐渐增大，厚度低于坡口表面1.5 ~ 2 mm。

（6）清理填充层（第二层）焊道的焊渣，焊接接头过高的地方打磨平整。焊接盖面层（第三层）时比填充层（第二层）摆动幅度大，操作手法相同，焊接时要保证熔池边缘的直线度。

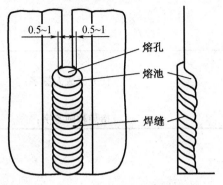

0.5~1　0.5~1

熔孔
熔池
焊缝

图 2 - 14　向上立焊的熔孔和熔池

焊接操作结束时，应先关闭气瓶总开关，再将气体保护开关拨到检查位置，流量计压力表指针回到"0"位置，调节流量计的流量旋钮，向左旋到关闭位置；关闭焊机的电源开关，最后将气体保护开关由"检查"位拨回"焊接"位置，断开在开关箱中的总电源开关；整理工具设备，清理打扫场地。

【任务评价】

任务评价单见表 2 - 11。

表 2 - 11　任务评价单

	序号	检测项目	配分	技术标准	实测情况	得分
焊件评价	1	焊缝余高	10 分	余高 0.5 ~ 1.5 mm，每超差 1 mm 扣 5 分		
	2	焊缝背面宽度	5 分	宽度 12 ~ 14 mm，每超差 1 mm 扣 2 分		
	3	焊缝成形	10 分	要求美观、均匀、波纹细，否则每项扣 5 分		
	4	咬边	10 分	深 <0.5mm，每长 10 mm 扣 5 分；深 >0.5 mm，每长 5 mm 扣 10 分		
	5	焊瘤	10 分	无，若有每处扣 2 分，若有 <2° 扣 5 分，>2° 扣 10 分		
	6	变形	10 分	允许 1°，每超 1° 扣 5 分		
	7	安全文明生产	15 分	安全文明操作，酌情扣分		
	总分		70 分	实训成绩		

	学号	姓名	评分（满分 10 分）	学号	姓名	评分（满分 10 分）
组内互评						
	注意：最高分与最低分相差最少 3 分，同分人最多 3 人，某一成员分数不得超平均分 ±3 分					

组间互评	
	评分（满分 10 分）

续表 2－11		
教师评价		评分（满分 10 分）
签字	任务完成人签字：　　　日期：　　年　　月　　日	
	指导教师签字：　　　日期：　　年　　月　　日	

任务三　V 形坡口对接横焊训练

【实训任务单】

V 形坡口对接横焊训练任务单见表 2－12。

表 2－12　V 形坡口对接横焊训练任务单

任务名称	V 形坡口对接横焊训练		
所需时间	12 学时	所需场所	实训车间
任务描述	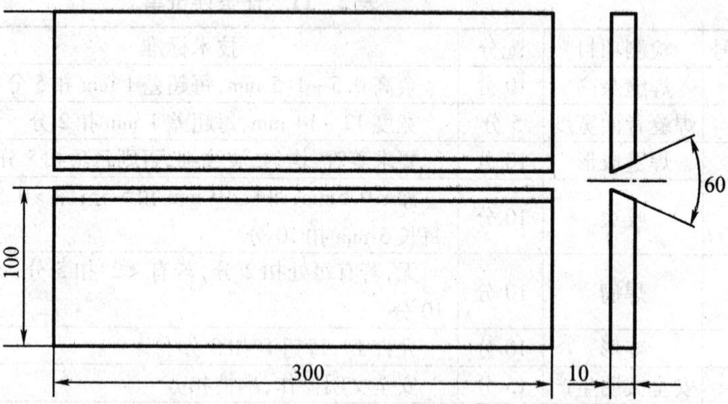 上图所示为 CO_2 气体保护焊 V 形坡口对接横焊训练图样，是两块长 300 mm、宽 100 mm、厚度 10 mm 钢板组成 V 形坡口板材		
任务要求	技能要求： 1. 能够熟练对 CO_2 气体保护焊焊接参数进行选择及调节； 2. 熟练掌握 CO_2 气体保护焊横焊的操作技术 职业素质要求： 1. 具有规范操作、安全操作和团结协作的优秀品质； 2. 具有严谨认真的工作态度； 3. 具有分析和解决问题能力； 4. 具有创新意识，获取新知识、新技能的学习能力		

续表 2 – 12

实施要求	1.3 人一小组,相互配合,轮换练习; 2.训练过程中,注意安全防护;穿戴好个人防护用品和用具,预防电弧光伤害,防止飞溅金属造成的灼伤和火灾,防止触电; 3.严格遵守实训车间的规章制度

【任务实施】

一、焊前准备

1.设备

焊机型号:NBC – 400。

2.材料

(1)钢板　尺寸:$L \times B \times S = 300 \text{ mm} \times 100 \text{ mm} \times 10 \text{ mm}$,材质:Q235,4 块/人;

(2)焊丝　牌号:H08Mn2SiA,直径:$\phi 1.2 \text{ mm}$。

3.辅助工具

敲渣锤、錾子、钢丝刷、焊缝测量器、角向磨光机、面罩、画线工具及个人劳保用品。

4.焊前清理

焊前应对焊件表面的铁锈、油污、水分及其他污物进行清理,直至露出金属光泽。

二、操作步骤

1.试机

打开焊机电源开关,试机。

2.调节焊接参数

焊接参数见表 2 – 13。

表 2 – 13　板对接横焊焊接参数

焊接层次	焊丝直径/mm	焊接电流/A	焊接电压/V	气体流量 (L/min)	干伸长度/mm	电源极性
打底层(1)		90 ~ 100	18 ~ 20	10 ~ 12	10 ~ 15	
		100 ~ 110		10 ~ 15		
填充层 (2、3)	1.2	110 ~ 120	20 ~ 22	10 ~ 12		直流反接
				15 ~ 20	15 ~ 20	
盖面层 (4、5、6)		130 ~ 150	22 ~ 24	10 ~ 15		
				15 ~ 20		

3.焊接操作

(1)在两块钢板背部按照图纸进行定位焊,焊缝长度 15 ~ 20 mm,装配间隙 2.5 ~

3.5 mm,反变形量为 2°~3°,错变量不大于 0.5 mm。

（2）将工件平行固定在工装上,在距离焊件端部 10 mm 处引弧。

（3）焊接打底层时,采用左焊法,焊枪和熔孔角度,如图 2-15 所示。焊枪以小幅度锯齿形摆动,左右摆动的电弧将坡口两侧根部击穿,每边熔化 0.5~1 mm 即可,保持熔孔的尺寸大小一致。

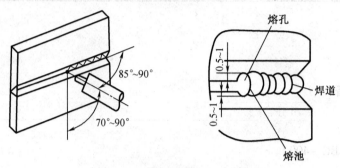

图 2-15　横焊焊枪和熔孔角度

（4）清理打底层焊道的焊渣,焊接接头过高的地方打磨平整。焊接填充层(第二层)时,单层多道焊,由下向上焊,焊枪以小幅度锯齿形摆动,保证焊缝两边熔合良好,焊枪角度如图 2-16 所示。

（5）清理填充层(第二层)焊道的焊渣,焊接接头过高的地方打磨平整。焊接盖面层(第三层)时和填充层(第二层)操作手法相似。由下向上一道一道采用直线形运条方式,后焊道盖住前焊道的 1/2 或 2/3 以上,焊枪角度如图 2-17 所示。焊接时要保证熔池边缘的直线度。

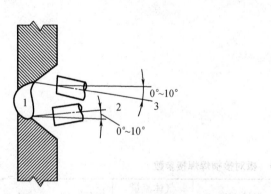
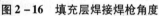

图 2-16　填充层焊接焊枪角度

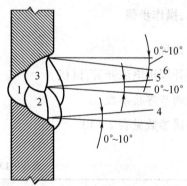

图 2-17　盖面层焊接焊枪角度

焊接操作结束时,应先关闭气瓶总开关,再将气体保护开关拨到检查位置、流量计压力表指针回到"0"位置,调节流量计的流量旋钮,向左旋到关闭位置;关闭焊机的电源开关,最后将气体保护开关由"检查"位置拨回"焊接"位置,断开在开关箱中的总电源开关,整理工具设备,清理打扫场地。

【任务评价】

任务评价单见表 2-14。

表 2 - 14 任务评价单

	序号	检测项目	配分	技术标准	实测情况	得分
焊件评价	1	焊缝余高	10 分	余高 0.5 ~ 1.5 mm,每超差 1 mm 扣 5 分		
	2	焊缝背面宽度	5 分	宽度 12 ~ 14 mm,每超差 1 mm 扣 2 分		
	3	焊缝成形	10 分	要求美观、均匀、波纹细,否则每项扣 5 分		
	4	咬边	10 分	深 <0.5 mm,每长 10 mm 扣 5 分;深 >0.5 mm,每长 5 mm 扣 10 分		
	5	焊瘤	10 分	无,若有每处扣 2 分,若有 <2° 扣 5 分,>2° 扣 10 分		
	6	变形	10 分	允许 1°,每超 1° 扣 5 分		
	7	安全文明生产	15 分	安全文明操作,酌情扣分		
		总分	70 分	实训成绩		

	学号	姓名	评分(满分 10 分)	学号	姓名	评分(满分 10 分)
组内互评						

注意:最高分与最低分相差最少 3 分,同分人最多 3 人,某一成员分数不得超平均分 ±3 分

组间互评	
	评分(满分 10 分)
教师评价	
	评分(满分 10 分)
签字	任务完成人签字: 日期: 年 月 日
	指导教师签字: 日期: 年 月 日

【拓展知识】

CO₂ 气体保护焊设备的常见故障及排除方法

CO₂ 气体保护焊设备的常见故障、产生原因及排除方法,见表 2 - 15。

表 2 – 15　　CO_2 气体保护焊常见的故障,产生原因及排除方法

故障现象	产生原因	排除方法
焊枪开关没有焊接电压,不送丝	1. 焊枪开关损坏 2. 焊枪电缆线断 3. 供电电源缺相	1. 更换焊枪开关 2. 接通控制线 3. 测量电压 380V 换保险丝
焊接电流失调	1. 电流调节电位器坏 2. 控制线路板有故障 3. 遥控盒控制电缆断 4. 遥控盒电缆插头接触不良	1. 更换电位器 2. 更换线路板 3. 接通控制电缆断线 4. 旋紧插件
焊接电压失调	1. 电压调节电位器坏 2. 控制线路板触发线路板故障 3. 遥控盒控制电缆断 4. 遥控盒电缆插头接触不良	1. 更换电位器 2. 更换线路板 3. 接通控制电缆 4. 旋紧插件
无保护气体	1. 气路胶管断开 2. 气管被压或堵塞 3. 电磁气阀坏	1. 接通气路并扎牢 2. 检查气路排除 3. 更换电磁气阀
送丝不畅	1. 送丝管堵塞 2. 送丝机压把调节不适当	1. 清洗送丝管 2. 调节压把到合适位置
焊机在自锁状态下工作不自锁	自锁控制板故障	换自锁控制板
焊接电压正常,送丝正常,但不引弧	1. 接地线断路 2. 焊件油污过多	1. 接通地线 2. 清除油污
电弧不稳且飞溅大	1. 焊接规范选择不当 2. 主电路可控硅坏 3. 导电嘴磨损严重 4. 焊丝伸出过长	1. 调整到合适的焊接规范 2. 更换可控整硅 3. 更换导电嘴 4. 焊丝伸出长度适当

项目三　埋弧焊实训

【项目描述】

埋弧焊是利用电弧作为热源的一种焊接方法。电弧是在一层颗粒状的可熔化焊剂覆盖下燃烧,电弧光不外露,因此被称为埋弧焊。广泛应用于造船工业、压力容器制造业、工程机械制造业、核电设备制造业等行业。通过本项目的学习,学生应达到以下要求:

一、知识要求

1. 了解埋弧焊的工作原理;
2. 掌握埋弧焊设备的使用方法;
3. 掌握埋弧焊焊接参数的选择及调节方法;
4. 掌握埋弧焊的基本操作技能。

二、能力要求

1. 能够正确使用埋弧焊焊接设备;
2. 能够正确选择埋弧焊焊接参数;
3. 能够掌握埋弧焊基本的操作技能。

三、素质要求

1. 具有规范操作、安全操作、认真负责的工作态度;
2. 具有沟通能力及团队合作精神;
3. 具有质量意识、安全意识和环境保护意识;
4. 具有分析问题、解决问题的能力;
5. 具有勇于创新、敬业乐业的工作作风。

【相关知识】

一、埋弧焊的工作原理

电弧在焊剂层下燃烧进行焊接的方法称为埋弧焊,埋弧焊原理及焊接过程如图 3-1 所示。焊接时电源的两极分别接在导电嘴和焊件上,焊前先行调节,使焊丝通过导电嘴与焊件接触,并在焊丝周围撒上焊剂;然后启动电源,则电流经过导电嘴、焊丝与焊件构成焊接回路,然后焊丝反抽则在焊线与工件之间引燃电弧。电弧热将焊丝端部及电弧附近的母材和焊剂熔化。熔化的金属形成熔池,熔融的焊剂成为熔渣。熔渣覆盖在熔池上面,而熔渣外层是未熔化的焊剂,因此熔渣和焊剂一起保护着熔池,使其与周围空气隔离,并使弧光不能散射出来。电弧向前移动时,电弧力将熔池中的液体金属推向熔池后方,则熔池前方的金属暴露在电弧强烈辐射下而熔化,形成新的熔池,而电弧后方的熔池金属则冷却凝固成焊缝,熔渣也凝固成焊渣覆盖在焊缝表面。

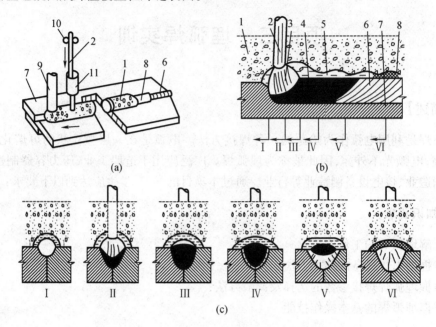

图 3 – 1　埋弧焊焊接过程
1—焊剂;2—焊丝;3—电弧;4—熔池;5—熔渣;6—焊缝;7—工件;
8—焊渣;9—焊机漏斗;10—送丝滚轮;11—导电嘴

二、埋弧焊的设备

埋弧焊设备主要由埋弧焊焊机组成。埋弧焊焊机主要由焊接小车、焊接电源和控制箱三部分组成,相互之间由焊接电缆和控制电缆连接在一起,如图 3 – 2 所示。

图 3 – 2　典型埋弧焊机的组成
1—焊接电源;2—控制装置;3—焊接小车

1. 焊接小车
焊接小车由行走机构、控制盘、送丝机构、焊丝矫直机构、机头调整机构、导电嘴、焊丝盘和焊剂漏斗、焊缝跟踪装置等部分组成。

2. 控制箱

控制箱内装有电动机 – 发电机组、接触器、中间继电器、变压器、整流器、镇定电阻和开关等元件,用以和焊车上的控制元件配合,实现送丝和焊车拖动控制及电弧电压反馈自动调节。

3. 焊接电源

埋弧焊电源有交流电源和直流电源。通常直流电源适用于小电流、快速引弧、短焊缝、高速焊接、焊剂稳弧性较差及对参数稳定性要求较高的场合;交流电源多用于大电流及直流磁偏吹严重的场合。一般埋弧焊电源的额定电流为 500 ~ 2 000 A,具有缓降或陡降外特性。

三、埋弧焊的焊接材料

埋弧焊的焊接材料包括焊丝和焊剂。

1. 焊丝

焊接时作为填充金属同时用来导电的金属丝称为焊丝。埋弧焊的焊丝按结构不同可分为实心焊丝和药芯焊丝两类;埋弧焊的焊丝按被焊材料不同可分为碳素结构钢焊丝、合金结构钢焊丝、不锈钢焊丝等。

常用的焊丝直径有 $\phi2$ mm、$\phi3$ mm、$\phi4$ mm、$\phi5$ mm 和 $\phi6$ mm 等规格,为了防止焊丝生锈,通常在焊丝表面镀铜。

(1)焊丝的牌号 实心钢焊丝的牌号表示方法为:字母"H"表示焊丝,"H"后的一位或两位数字表示含碳量;化学元素符号及其后的数字表示该元素的近似含量,当某合金元素的含量低于1%时,可省略数字,只记元素符号;尾部标有"A"或"E"时,分别表示为"优质品"或"高级优质品",表明 S、P 等杂质含量更低。常用焊丝的牌号见表 3 – 1。

表 3 – 1 常用焊丝的牌号

序号	钢种	焊丝牌号
1	碳素结构钢	H08Mn
2		H08MnA
3	合金结构钢	H08Mn2SiA
4		H10MnSi
5	不锈钢	H0Cr14
6		H1Cr19Ni9

2. 焊剂

焊剂是指焊接时能够熔化形成熔渣和气体,对熔化金属起保护和冶金处理作用的一种物质。

(1)焊剂的型号 常见的埋弧焊焊剂型号有碳钢焊剂型号和低合金钢焊剂型号两种。下面以碳钢焊剂型号为例进行介绍。

碳钢焊剂型号分类根据焊丝 – 焊剂组合的熔敷金属力学性能、热处理状态进行划分,

具体表示为

$$F\times\times\times-H\times\times\times$$

①字母"F"表示焊剂；

②字母后第一位数字表示焊丝－焊剂组合的熔敷金属抗拉强度的最小值；

③第二位字母表示试件的热处理状态。其中，"A"表示焊态；"P"表示焊后热处理状态；

④第三位数字表示熔敷金属冲击吸收功不小于 27 J 时的最低试验温度。

（2）焊剂牌号　常见的埋弧焊焊剂牌号有熔炼焊剂牌号和烧结焊剂的牌号两种。

①熔炼焊剂牌号表示法　焊剂牌号表示为"HJ×××"。HJ 后面有三位数字，具体表示为：第一位数字表示焊剂中氧化锰的平均质量分数；第二位数字表示焊剂中二氧化硅、氟化钙的平均质量分数；第三位数字表示同一类型焊剂的不同牌号。

②烧结焊剂的牌号表示方法　焊剂牌号表示为"SJ×××"。SJ 后面有三位数字，具体表示为：第一位数字表示焊剂熔渣的渣系类型；第二、第三位数字表示同一渣系类型焊剂中的不同牌号，按 01，02，…，09 顺序排列。

3. 焊丝和焊剂的选用及保管

（1）焊丝和焊剂的选用　焊接低碳钢和强度较低的低合金高强钢时，以保证焊缝金属的力学性能为主，宜采用低锰或含锰焊丝，配合高锰高硅焊剂，如 HJ431、HJ430 配 H08A 或 H08MnA 焊丝，或采用高锰焊丝配合无锰高硅或低锰高硅焊剂，如 HJ130、HJ230 配 H10Mn2 焊丝。

焊接有特殊要求的合金钢，如低温钢、耐热钢、耐蚀钢、不锈钢等，以满足焊缝金属的化学成分为主，要选用相应的合金钢焊丝，配合碱性较高的中硅、低硅型焊剂。常用焊剂与焊丝的选配见表 3－2。

表 3－2　常用焊剂与焊丝的选配

焊剂牌号	配用焊丝	焊剂牌号	配用焊丝
HJ431	H08A、H08MnA	SJ501	H08MnA
HJ432	H08MnA		H08A

（2）焊剂的使用和保管　为保证焊接质量，焊剂应正确保管和使用，应存放在干燥库房内，防止受潮；使用前应对焊剂进行烘干，熔炼焊剂要求 200～250 ℃下烘焙 1～2 h；烧结焊剂应在 300～400 ℃烘焙 1～2 h。使用回收的焊剂，应清除其中的渣壳、碎粉及其他杂物，并与新焊剂混匀后使用。

四、埋弧焊的焊接参数

埋弧焊的焊接参数有焊接电流、电弧电压、焊接速度、焊丝直径、焊丝伸出长度、焊丝倾角、焊件倾斜角度等。其中对焊缝成形和焊接质量影响最大的是焊接电流、电弧电压和焊接速度。

1. 焊接电流

焊接时，若其他因素不变，焊接电流增加，则电弧吹力增强，焊缝厚度增大；同时，焊丝的熔化速度也相应加快,焊缝余高稍有增加,但电弧的摆动小,所以焊缝宽度变化不大。

2.电弧电压

焊接时,若其他因素不变,增加电弧长度,则电弧电压增加。随着电弧电压增加,焊缝宽度显著增大,而焊缝厚度和余高减小。

由此可见,电流是决定焊缝厚度的主要因素,而电压则是影响焊缝宽度的主要因素。为了获得良好的焊缝成形,焊接电流必须与电弧电压进行良好的匹配,见表3-3。

表3-3　焊接电流与电弧电压的匹配关系

焊接电流/A	600～700	700～850	850～1 000	1 000～1 200
焊接电压/V	34～36	36～38	38～40	40～42

3.焊接速度

焊接速度主要影响焊缝厚度和焊缝宽度,当焊接速度增加时,焊缝厚度和焊缝宽度都大为下降。

4.焊丝直径

当焊接电流不变时,随着焊丝直径的增大,电流密度减小,电弧吹力减弱,电弧的摆动作用加强,使焊缝宽度增加而焊缝厚度减小;焊丝直径减小时,电流密度增大,电弧吹力增大,使焊缝厚度增加。故用同样大小的电流焊接时,小直径焊丝可获得较大的焊缝厚度。不同直径的焊丝所适用的焊接电流见表3-4。

表3-4　焊丝直径与焊接电流的关系

焊接直径/mm	2.0	3.0	4.0	5.0	6.0
焊接电流/A	200～400	350～600	500～800	700～100	800～1 200

5.焊丝伸出长度

一般将导电嘴出口到焊丝端部的长度称为焊丝伸出长度。当焊丝伸出长度增加时,则电阻热作用增大,使焊丝熔化速度增快,以致焊缝厚度稍有减少,余高略有增加;伸出长度太短,则易烧坏导电嘴。焊丝伸出长度,随焊丝直径的增大而增大,一般在15～40 mm之间。

6.焊丝倾斜角

埋弧焊的焊丝位置通常垂直于焊件,但有时也采用焊丝倾斜方式。

【实训任务】

任务一　I形坡口板对接埋弧焊训练

【实训任务单】

I形坡口板对接埋弧焊训练任务单见表3-5。

表 3 – 5　I 形坡口板对接埋弧焊训练任务单

任务名称	I 形坡口板对接埋弧焊训练		
所需时间	12 学时	所需场所	实训车间
任务描述	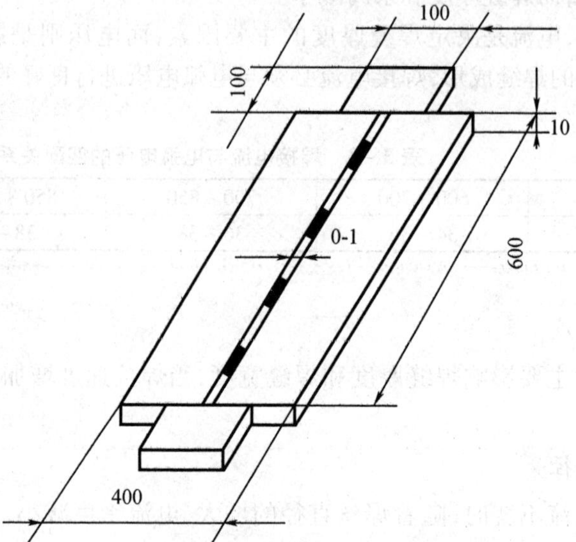 上图所示为埋弧焊 I 形坡口板对接训练图样,是由两块长 600 mm、宽 200 mm、厚度 10 mm 的钢板组成		
任务要求	技能要求: 1. 能熟练操作埋弧焊焊接设备; 2. 能够熟练对埋弧焊焊接参数进行选择及调节; 3. 初步掌握埋弧焊焊接材料的性能及选用 职业素质要求: 1. 具有规范操作、安全操作和团结协作的优秀品质; 2. 具有严谨认真的工作态度; 3. 具有分析和解决问题能力; 4. 具有创新意识,获取新知识、新技能的学习能力		
实施要求	1. 10 人一小组,相互配合,轮换练习; 2. 训练过程中,注意安全防护;穿戴好个人防护用品和用具,防止金属造成的灼伤和火灾,防止触电; 3. 严格遵守实训车间的规章制度		

【任务实施】

一、焊前准备

1. 设备

焊机型号:MZP – 1000。

2. 材料

(1)实训样板　尺寸：$L \times B \times S = 600$ mm $\times 200$ mm $\times 10$ mm，材质：Q345，2块/组；

引弧板　尺寸：$L \times B \times S = 100$ mm $\times 100$ mm $\times 10$ mm，材质：Q345，2块/组。

(2)焊丝　牌号：H08MnA，直径：$\phi 4.0$ mm；

焊剂　牌号：HJ431；

焊条　牌号：J507，直径：$\phi 3.2$ mm。

3. 辅助工具

敲渣锤、錾子、钢丝刷、焊缝测量器、角向磨光机、画线工具及个人劳保用品。

4. 焊前清理

焊前应对焊件表面的铁锈、油污、水分及其他污物进行清理，直至露出金属光泽。

二、操作步骤

1. 定位焊

将实训样板，按照图纸进行定位焊；要求装配平整，装配间隙均匀，约为$0 \sim 1$ mm，错边量$\leqslant 1.2$ mm，定位焊缝长20 mm，间距为$80 \sim 100$ mm。

定位焊焊接参数见表3-6。

表3-6　定位焊焊接参数

焊接层次	焊丝直径/mm	焊接电流/A	引弧电流/A	推力电流/A	焊接电压/V
单层	3.2	$120 \sim 150$	$20 \sim 50$	$20 \sim 40$	$21 \sim 22$

2. 连接埋弧弧焊设备

(1)焊接电源与配电箱的连接　将焊接电源后盖上的输入端子罩卸下，将输入电缆(3根)一端接到焊接电源的输入端子，并用绝缘布将可能与其他部位接触的裸露带电部位缠好，另一端接入配电箱的开关上；将输入端子罩重新安装到焊接电源上，将焊接电源用14 mm^{2}以上电缆接地。

(2)机器的连接　用附属螺栓将母材电缆接到焊接电源(-)极输出端，另一端接母材，连接要紧固；用附属螺栓将焊接电缆接到焊接电源(+)极输出端，另一端接焊接小车焊枪导电体，连接要紧固。将控制电缆两端分别接到焊接电源与焊接小车控制箱上的插座上。设备的连线如图3-3所示。

3. 启动焊机

打开焊接电源的电源开关，电源指示灯亮，风扇转动。将"焊接操作"选择开关置于"启动"；将"焊接模式"选择开关置于"埋弧焊"。

4. 焊接操作

(1)打开小车控制箱电源开关，根据工艺要求预置焊接参数，焊接参数见表3-7。控制面板如图3-4所示。

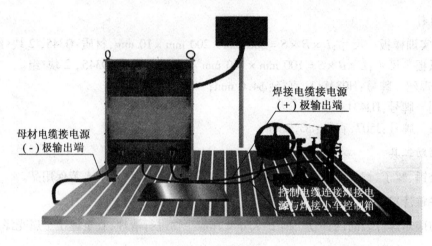

图 3 - 3　设备连线

表 3 - 7　埋弧焊对接焊接参数

焊丝直径/mm	焊接电流/A	电弧电压/V	焊接速度/(m/h)
4	600 ~ 650	33 ~ 35	38 ~ 40

①将"显示切换"开关置于"焊接"位置,调节"焊接电流"、"焊接电压"电位器,分别预置焊接电流、焊接电压;调节"收弧电流"、"收弧电压"电位器,分别预置收弧电流、收弧电压。注意不要将收弧规范设定太小,若收弧规范设定太小,焊接结束时容易产生粘丝现象。

②将"显示切换"开关置于"焊速"位置,调节"速度调节"电位器,设定焊接速度。

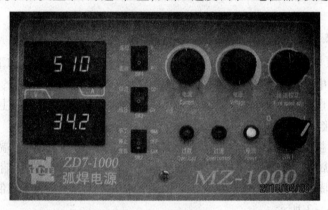

图 3 - 4　控制面板

(2)通过"焊接方向"开关,设定好焊接行走方向。

(3)据使用的焊丝直径设定好"丝径转换"开关。

(4)根据焊丝直径设定好回烧时间,防止粘丝;焊丝越粗,所需回烧时间越长。

(5)挂好手动离合器。

(6)调整机头横向调整机构,将焊丝对准起弧位置,焊缝跟踪指示器对准工件焊缝。调整机头纵向调整机构,调整焊丝的伸出长度。

(7)按住"送丝"按钮,焊机开始送丝。

①"起弧方式"开关设定为回抽引弧时,当焊丝接触工件,焊车会自动停止送丝。如果

送丝不停止,则可能焊丝与工件间有绝缘物或某极电缆没有连接好;如果焊丝与工件尚未接触就不能送丝,则可能正负极间有搭接或已有空载电压。(注:起弧前焊丝与工件必须可靠接触,否则将影响引弧成功率)。

②"起弧方式"开关设定为划擦引弧时,焊丝头距工件应留有 1~2 mm 左右的距离。

(8)打开料斗开关,焊剂覆盖焊接部位后按下启动开关,小车自动起弧,并按设定的焊接方向、预置的焊接电流、预置的焊接电压、预置的焊接速度焊接。

(9)收弧　当焊到结束位置时,关闭料斗开关。按停止按钮时应分两步,开始先轻轻往里按,使焊丝停止输送,然后再按到底,切断电源。如果一下就把按钮按到底,焊丝送给与焊接电源同时切断,会因送丝电动机的惯性继续向下送一段焊丝使焊丝插入熔池中发生与焊件黏结现象。当导电嘴较低或电弧电压过高时,采用这种不当的收弧方式,电弧会返烧到导电嘴,甚至将焊丝与导电嘴熔合在一起。

(10)松开停止按钮,焊机停止焊接。

焊接结束后,要及时回收未熔化焊剂,清除焊缝表面渣壳,检查焊缝成形和表面质量。

关闭焊机的电源开关,断开在开关箱中的总电源开关。整理工具设备,清理打扫场地。

【任务评价】

任务评价单见表 3-8。

表 3-8　任务评价单

<table>
<tr><td rowspan="7">焊件评价</td><td>序号</td><td>检测项目</td><td>配分</td><td colspan="2">技术标准</td><td>实测情况</td><td>得分</td></tr>
<tr><td>1</td><td>焊缝宽度</td><td>10分</td><td colspan="2">宽 15~25 mm,每超差 1 mm 扣 2 分</td><td></td><td></td></tr>
<tr><td>2</td><td>焊缝成形</td><td>20分</td><td colspan="2">要求波纹细、均匀、光滑,否则每项扣 5 分</td><td></td><td></td></tr>
<tr><td>3</td><td>弧坑</td><td>5分</td><td colspan="2">弧坑饱满,否则每处扣 5 分</td><td></td><td></td></tr>
<tr><td>4</td><td>接头</td><td>10分</td><td colspan="2">要求不脱节,不凸高,否则每处扣 5 分</td><td></td><td></td></tr>
<tr><td>5</td><td>咬边</td><td>10分</td><td colspan="2">深 <0.5 mm,每长 5 mm 扣 5 分;深 >0.5 mm,每长 5 mm 扣 10 分</td><td></td><td></td></tr>
<tr><td>6</td><td>安全文明生产</td><td>15分</td><td colspan="2">服从管理、安全操作,酌情扣分</td><td></td><td></td></tr>
<tr><td colspan="2">总分</td><td>70分</td><td colspan="4">实训成绩</td></tr>
<tr><td rowspan="4">组内互评</td><td>学号</td><td>姓名</td><td>评分(满分10分)</td><td>学号</td><td>姓名</td><td colspan="2">评分(满分10分)</td></tr>
<tr><td></td><td></td><td></td><td></td><td></td><td colspan="2"></td></tr>
<tr><td></td><td></td><td></td><td></td><td></td><td colspan="2"></td></tr>
<tr><td colspan="7">注意:最高分与最低分相差最少 3 分,同分人最多 3 人,某一成员分数不得超平均分 ±3 分</td></tr>
<tr><td>组间互评</td><td colspan="7">评分(满分10分)</td></tr>
<tr><td>教师评价</td><td colspan="7">评分(满分10分)</td></tr>
<tr><td>签字</td><td colspan="7">任务完成人签字:　　日期:　年　月　日
指导教师签字:　　日期:　年　月　日</td></tr>
</table>

【知识拓展】

埋弧焊设备的保养

埋弧焊设备是组织焊接生产的重要环节,良好性能的焊接设备是保证焊接质量的一个重要因素,组织焊接生产过程中必须要保持设备处于良好的工作状态。

1. 埋弧焊电源的保养

(1)焊接电源应安置在通风良好、避高热、防雨水的地方,机身应避免震动,保持平稳;

(2)在网路电压波动大而频繁的场合,须考虑专线供电;

(3)所有电缆接头应紧密连接,导电良好,防止松动,并有绝缘包布包扎,不允许外露。

(4)经常检查电缆是否破损,发现破损应及时用绝缘包布包扎,避免发生短路现象;

(5)每3至6个月由专业维修人员用压缩空气对焊接电源除尘一次;

(6)焊接电源机壳必须接地;

(7)定期检查和更换可动铁芯减速箱内的润滑油脂;

(8)焊接电源接通三相网路后,风扇必须连续工作,直至关机;

(9)焊接电源不允许超载运行;

(10)定期测量焊接电源的绝缘电阻,应符合规定要求;

(11)定期整理线路,检查电气元件,检验电表,有不合格的应予以更换。

2. 控制箱的保养

(1)控制箱和网路、焊接电源、焊车连接的电缆必须有足够的截面。相互连接的接头必须旋紧,导电良好。电缆接头还应用绝缘包布包扎好;

(2)控制箱机壳必须可靠接地;

(3)经常检查控制箱内电气元件工作是否正常,继电器、接触器的触头有否被"烧毛"情况,发现元件损坏及时更换;

(4)搬移控制箱时应避免过分的震动,防止内部电气元件的损坏;

(5)每3至6个月用压缩空气对控制箱内部进行一次除尘。

3. 焊车的保养

(1)连接控制箱和焊车的多芯控制线必须连接良好,即插头对准插入插座,要防止松动,禁止拖拉控制线来移动焊车;

(2)经常检查导电嘴的磨损情况,磨损过大时造成接触不良,必须及时更换;

(3)根据焊丝直径调整压轧轮的压力,压力过大焊丝变形,压力过小焊丝打滑;

(4)焊丝给送轮磨损过大,使焊丝给送不稳,必须及时更换;

(5)经常检查电机、电器元件及电表是否正常,如电表读数误差超标应予以更换;

(6)定期检修机械传动装置,更换损坏零件,加润滑油。

4. 多芯控制线的保养

(1)多芯控制线应放在妥当的地方,要避免车轮滚压或重物压叠;

(2)多芯控制线的线头,在插入插座时应特别小心,要防止线头弄断;

(3)发现多芯控制线破损,应用绝缘包布包扎;

(4)多芯控制线不应有过度的弯曲。

项目四　钨极氩弧焊实训

【项目描述】

钨极氩弧焊是以高熔点的钨棒作为电极,在电极和工件之间产生电弧,电弧在氩气保护下熔化工件和焊丝,冷凝后构成焊缝的一种焊接方法。广泛应用于造船、汽车、化工、航天航空等行业。通过本项目的学习,学生应达到以下要求:

一、知识要求

1. 了解钨极氩弧焊的工作原理;
2. 掌握钨极氩弧焊设备的安装和使用方法;
3. 掌握钨极氩弧焊焊接参数的选择及调节方法;
4. 熟练掌握钨极氩弧焊的基本操作技能。

二、能力要求

1. 能够熟练安装及使用钨极氩弧焊设备;
2. 能够正确调节钨极氩弧焊焊接参数;
3. 能够掌握钨极氩弧焊基本的操作技能。

三、素质要求

1. 具有规范操作、安全操作、认真负责的工作态度;
2. 具有沟通能力及团队合作精神;
3. 具有质量意识、安全意识和环境保护意识;
4. 具有分析问题、解决问题的能力;
5. 具有勇于创新、敬业乐业的工作作风。

【相关知识】

一、钨极氩弧焊的工作原理

钨极氩弧焊是在氩气或其混合气体的保护下,用钨棒(纯钨或钨合金)作电极,利用钨极和工件之间产生的焊接电弧熔化母极及焊丝,形成焊缝金属的一种非熔化极焊接方法,简称 TIG 焊。焊接时,保护气体从焊枪的喷嘴中喷出,把电弧周围一定范围内的空气排出焊接区,从而为形成优质的焊接接头提供了保障,工作原理如图 4-1 所示。

二、钨极氩弧焊设备

TIG 焊设备主要由焊接电源、焊枪、供气系统、冷却系统和焊接控制装置等部分组成。对于自动焊还包括小车行走机构及送丝机构。手工 TIG 焊设备系统,如图 4-2 所示。

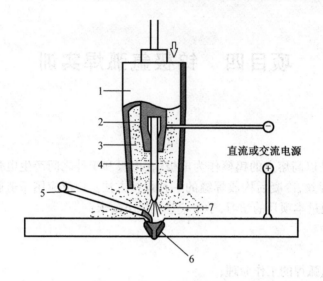

图 4 – 1　TIG 焊原理示意图

1—喷嘴;**2**—钨极夹头;**3**—保护气体;**4**—钨极;**5**—填充金属;**6**—焊缝金属;**7**—电弧

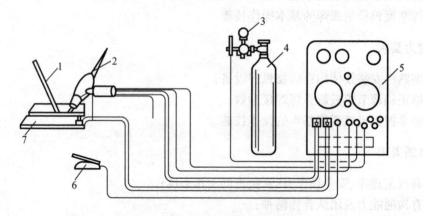

图 4 – 2　手工钨极氩弧焊设备示意图

1—填充金属;**2**—焊枪;**3**—流量计;**4**—氩气瓶;**5**—焊机;**6**—开关;**7**—工件

1. 焊接电源

焊接电源应具有陡降的或垂直下降的外特性,以保证在弧长发生变化时,减小焊接电流的波动。一般,焊条电弧焊的电源都可以做手工钨极氩弧焊电源。

2. 焊枪

TIG 焊焊枪的作用是夹持电极、导电及输送保护气体。目前国内使用的焊枪大体上有两种:一种是气冷式焊枪,即利用气流冷却导电部件,结构简单,使用轻巧灵活,但最大允许焊接电流为 100 A,主要用于薄件的焊接;另一种为水冷式焊枪,其导电部件与焊接电缆采用循环水冷却,结构比较复杂,焊枪稍重,通常使用的焊接电流可超过 100 A。

TIG 焊焊枪的标志由形式符号及主要参数组成。焊枪的形式符号由两位字母表示,主要表示其冷却方式:"QQ"表示气冷;"QS"表示水冷。在形式符号后面的数字表示焊枪参数。

例如：

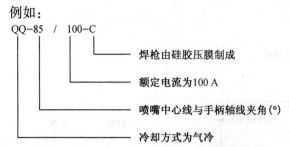

QQ-85 / 100-C

焊枪由硅胶压膜制成

额定电流为100 A

喷嘴中心线与手柄轴线夹角(°)

冷却方式为气冷

（1）喷嘴 按材质分有陶瓷喷嘴、石英喷嘴和金属喷嘴。在允许的条件下,应尽可能采用小尺寸喷嘴,这样可保证焊工获得更好的能见度,且电弧燃烧稳定,对焊接部位的可及性也越好。大尺寸的喷嘴对熔池的保护效果较好,焊接高温时对周围大气敏感的金属时,必须采用大尺寸喷嘴。

（2）电极 常用的钨极有纯钨、钍钨和铈钨极等。常用钨电极的载流能力见表4-1。

表4-1 钨极载流能力

电极直径/mm	直流正极性			直流反极性	交流
	纯钨	钍钨	铈钨	纯钨	
1.0	20～60 A	15～80 A	20～80 A		
1.6	40～100 A	70～150 A	50～160 A	10～30 A	20～100 A
2.0	60～150 A	100～200 A	100～200 A		
3.0	140～180 A	200～300 A		20～40 A	100～160 A
4.0	240～320 A	300～400 A		30～50 A	140～220 A
5.0	300～400 A	420～520 A		40～80 A	200～280 A
6.0	350～450 A	450～550 A		60～100 A	250～300 A

（3）焊枪的组装 焊枪的组装顺序如图4-3所示。组装顺序及注意事项如下：

①首先将电极夹套与焊枪本体安装牢固,保证导电良好；

②喷嘴安装到焊枪本体上；

③将钨极和开口夹套插入已安装好的电极夹套内,注意钨极直径与开口夹套规格必须一致；

④将电极帽与焊枪本体拧紧,通过电极夹套和开口夹套将钨极夹紧,保证导电良好,否则易造成焊枪的烧损。

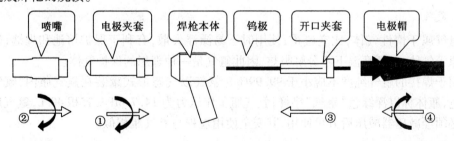

图4-3 焊枪组装示意图

3. 供气系统

供气系统主要由钢瓶、减压阀、流量计、电磁气阀组成,如图4-4所示。

4. 冷却系统

冷却系统主要用来冷却焊接电缆、焊枪和钨极。

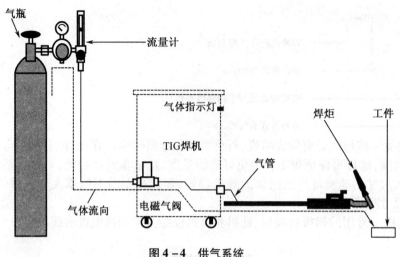

图 4-4　供气系统

5. 控制系统

TIG 焊设备的控制系统,在小功率设备中和焊接电源在同一箱子里,称为一体式结构。在大功率设备中,控制系统与焊接电源则是分立的,为一单独的控制箱,如 NSA-500-1 型交流手工 TIG 焊机。

控制系统由引弧器、稳弧器、行车(或转动)速度控制器、程序控制器、电磁气阀和水压开关等构成。对控制系统的要求如下:

(1)焊前提前 1.5~4 s 输送保护气体,以驱除管内空气。

(2)焊后延迟 5~15 s 停气,以保护尚未冷却的钨极和焊缝。

(3)自动控制引弧器、稳弧器的启动和停止。

(4)手工或自动接通和切断焊接电源。

(5)焊接结束前电流能自动衰减,以消除火口和防止弧坑开裂,这对于环缝焊接及热裂纹敏感材料尤其重要。

三、钨极氩弧焊的焊接材料

1. 氩气

氩气属于惰性气体,比空气重,使用时不易漂浮失散,有利于保护熔池和焊缝;氩气属于单原子气体,电弧高温下不分解吸热,因此氩气是一种理想的保护气体。

用于焊接的氩气纯度不应小于 99.99%。氩气以气态形式罐装在氩气瓶内,氩气瓶呈银灰色,瓶体标以深绿色"氩气"字样;氩气瓶工作压力为 14.7 MPa,容积 40 L,氩气瓶内的气体必须经减压器减压后方可使用,其安全使用规程与氧气瓶相似。

2. 焊丝

钨极氩弧焊的焊丝只起填充金属作用,焊丝的化学成分与母材相同或相近即可。

四、钨极氩弧焊的焊接参数

TIG 焊的焊接参数主要有电源种类和极性、钨极直径、焊接电流、电弧电压、氩气流量、焊接速度和喷嘴直径等。

1. 电源种类和极性

TIG 焊可以使用直流电,也可以使用交流电,电流种类和极性可根据焊件材质进行选择。

(1)直流反接　TIG 焊采用直流反接时(即钨极为正极、焊件为负极),由于电弧阳极温度高于阴极温度,使接正极的钨极容易过热而烧损,许用电流小,同时焊件上产生的热量不多,因而焊缝厚度较浅,焊接生产率低,所以很少采用。但是直流反接时,氩的正离子流向焊件,撞击金属熔池表面,将铝、镁等金属表面致密难熔的氧化膜击碎并去除,使焊接顺利进行,这种现象称为"阴极破碎";对焊接铝、镁及其合金有利。

(2)直流正接　TIG 焊采用直流正接时(即钨极为负极、焊件为正极),由于电弧在焊件阳极区产生的热量大于钨极阴极区,致使焊件的焊缝厚度增加,焊接生产率高。而且钨极不易过热与烧损,使钨极的许用电流增大,电子发射能力增强,电弧燃烧稳定性比直流反接时好;适合于焊接表面无致密氧化膜的金属材料。

(3)交流 TIG 焊　交流电极性是不断变化的,在交流正极性的半周波中(钨极为负极),钨极可以得到冷却,以减小烧损。而在交流负极性的半周波中(焊件为负极)有"阴极破碎"作用,可以清除熔池表面的氧化膜。因此,交流 TIG 焊兼有直流 TIG 焊正、反接的优点,是焊接铝、镁及其合金的最佳方法。各种材料的电流种类与极性的选用,见表 4 – 2。

表 4 – 2　电源种类和极性的选择

电源种类和极性	被焊接金属
直流正接	低碳钢、低合金钢、不锈钢、耐热钢、铜、钛及其合金
直流反接	适用于熔化极氩弧焊,钨极氩弧焊很少采用
交流	铝、镁及其合金

2. 钨极直径及端部形状

钨极直径主要按焊件厚度、焊接电流、电源极性来选择,钨极端部形状对电弧稳定性有一定影响。交流 TIG 焊时,一般将钨极端部磨成圆珠形;直流小电流施焊时,钨极可以磨成尖锥角;直流大电流时,钨极宜磨成钝角,钨极端部形状如图 4 – 5 所示。

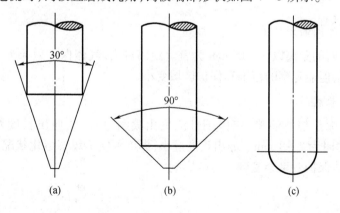

图 4 – 5　常用的钨极端部形状

(a)直流小电流;(b)直流大电流;(c)交流

3. 焊接电流

焊接电流主要根据焊件厚度、钨极直径和焊缝空间位置来选择,过大或过小的焊接电流都会使焊缝成形不良或产生焊接缺陷。

4. 气体流量和喷嘴直径

气体流量过大,容易形成紊流,使空气卷入,对焊接区的保护作用不利,同时带走电弧区的热量多,影响电弧稳定燃烧;气体流量过小,气流挺度差,容易受到外界气流的干扰,以致降低气体保护效果。通常氩气流量在 3 ~ 20 L/min 范围内,一般喷嘴直径随着氩气流量的增加而增加,直径一般为 5 ~ 14 mm。

5. 焊接速度

在一定的钨极直径、焊接电流和氩气流量条件下,焊速过大,会使保护气流偏离钨极与熔池,影响气体保护效果,易产生未焊透等缺陷;焊速过慢时,焊缝易咬边和烧穿。焊接速度对氩气保护效果的影响,如图 4 - 6 所示。

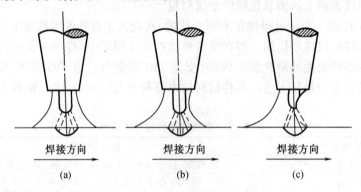

图 4 - 6　焊接速度对氩气保护效果的影响
(a)焊枪不动;(b)正常速度;(c)速度过大

6. 电弧电压

电弧电压增加,焊缝厚度减小,熔宽显著增加,气体保护效果随之变差。当电弧电压过高时,易产生未焊透、焊缝被氧化和气孔等缺陷,因此应尽量采用短弧焊。电弧电压一般为 10 ~ 24 V。

7. 喷嘴与焊件间的距离

喷嘴与焊件间的距离以 5 ~ 15 mm 为宜。距离过大,气体保护效果差;若距离过小,虽对气体保护有利,但能观察的范围和保护区域变小。

8. 钨极伸出长度

为了防止电弧热烧坏喷嘴,钨极端部应突出喷嘴以外,其伸出长度对接焊时一般为 3 ~ 6 mm,角焊缝时为 7 ~ 8 mm。伸出长度过小,焊工不便于观察熔化状况,对操作不利;伸出长度过大,气体保护效果会受到一定的影响。

【实训任务】

任务一　平敷焊训练

【实训任务单】

平敷焊训练任务单见表4-3。

表4-3　平敷焊训练任务单

任务名称	平敷焊训练		
所需时间	12 学时	所需场所	实训车间
任务描述	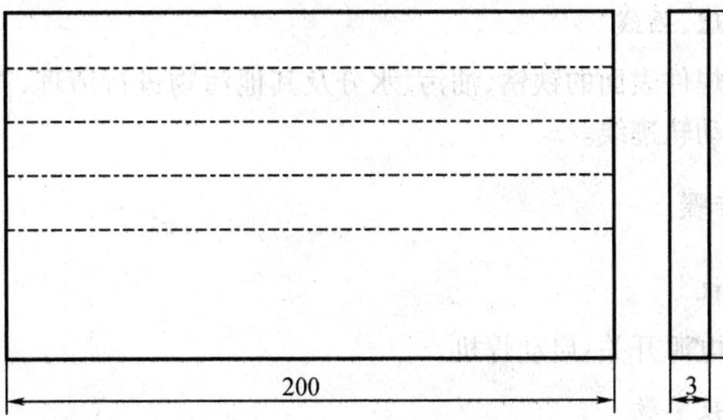 上图所示为钨极氩弧焊平敷焊训练图样,是一块长200 mm、宽100 mm、厚度3 mm的钢板		
任务要求	技能要求: 1. 能够熟练对钨极氩弧焊焊接参数进行选择及调节; 2. 熟练掌握钨极氩弧焊引弧、填丝、收弧的基本操作技术 职业素质要求: 1. 具有规范操作、安全操作和团结协作的优秀品质; 2. 具有严谨认真的工作态度; 3. 具有分析和解决问题能力; 4. 具有创新意识,获取新知识、新技能的学习能力		
实施要求	1. 3 人一小组,相互配合,轮换练习; 2. 训练过程中,注意安全防护;穿戴好个人防护用品和用具,预防电弧光伤害,防止灼伤、火灾和触电; 3. 严格遵守实训车间的规章制度		

【任务实施】

一、焊前准备

1. 设备

焊机型号：WS-315。

2. 材料

(1) 钢板 尺寸：$L \times B \times S = 200 \text{ mm} \times 100 \text{ mm} \times 3 \text{ mm}$，材质：Q235，1块/人；

(2) 钨极 纯钨极或铈钨极，直径：$\phi 2.0 \text{ mm}$；

(3) 焊丝 牌号：H08A，直径：$\phi 2.0 \text{ mm}$。

3. 辅助工具

面罩、画线工具及个人劳保用品。

4. 焊前清理、画线

焊前应对焊件表面的铁锈、油污、水分及其他污物进行清理，直至露出金属光泽。划出平敷焊焊丝运动轨迹线。

二、操作步骤

1. 启动焊机

打开焊机电源开关，启动焊机。

2. 调节焊接参数

焊接参数见表4-4。

表4-4 普通碳素钢手工钨极氩弧焊焊接工艺参数

电源极性	焊丝直径/mm	电流/A	电压/V	钨极直径/mm	气体流量/(L/min)
直流正接	2.0	90~100	12~14	2.0	6~10

3. 焊接操作

(1) 打开氩气瓶气阀，调节氩气流量。

(2) 引弧 钨极氩弧焊一般采用高频高压引弧或高压脉冲引弧，在焊机中都装有这种引弧装置。焊枪上有引弧开关，右手持焊枪，将钨极对准焊缝起始位置，该起始位置应选在工件右端，钨极端头距离工件表面3~5 mm，按下开关即可引燃电弧。

(3) 焊枪的位置和运动 右手握住焊枪，姿势如图4-7所示；焊枪和焊件的相对位置如图4-8所示。一般焊枪与焊件表面成70°~80°的夹角，填充焊丝与焊件表面为15°~20°，主要是为了观察电弧方便，钨极伸出喷嘴的长度为4~8 mm，电弧长度略大于钨极直径。

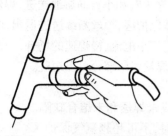

图4－7　右手握住焊枪的姿态

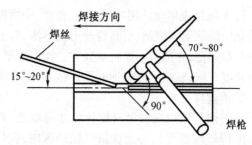

图4－8　焊枪和焊件的相对位置

焊枪运动尽可能做直线运动,速度要均匀;通常不做往复直线运动,可做小幅度横向摆(锯齿形、圆弧形),摆动幅度要参照需要的焊缝宽度而定。

(4)添加焊丝　在引弧后,焊枪停留在原地不动,稍加预热,形成熔池再开始添加焊丝,自右向左移动焊枪进入正常焊接过程。通常采用左焊法。

操作时焊丝在焊枪的另一侧和接缝线成15°～20°,这一角度不能过大,小角度送焊丝比较平稳。焊丝要周期性地向熔池送进和退出,焊丝送到熔池前区处被熔化,以滴状进入熔池,如图4－9(a)所示。不可把焊丝放在电弧空间中,如图4－9(b)所示,这样容易发生焊丝和钨极相碰。

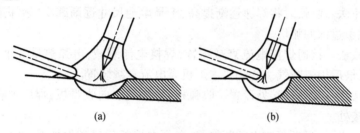

(a)　　　　　　　　　　　　　(b)

图4－9　填丝的位置

(a)正确;(b)不正确

①添加焊丝的方法。板焊接添加焊丝有两种推进方法:

a.手指推进焊丝。用左手中指、无名指、小指夹住焊丝,控制送丝方向,用拇指、食指捏住焊丝,向熔池推进送丝,松开拇指和食指退回,再捏住焊丝推进送丝,这样可不断地向熔池送进焊丝,如图4－10所示。这种填丝方法可将整根长焊丝送到熔池,用到焊丝残留部分约80 mm。此法用于大电流、焊丝添加量大的场合。

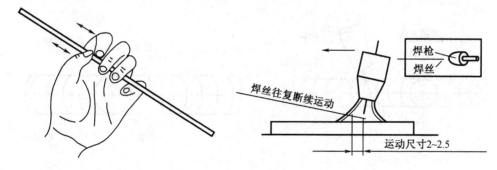

图4－10　手指推进填丝示意图

(为表达清晰未画手套)

b. 手腕推进填丝。用左手拇指、食指、中指捏住焊丝,靠手腕和小臂向熔池送进,焊丝端头被熔化成熔滴落入熔池,后将焊丝退出熔池,但不退出气体保护区,焊丝断续送进退出,电弧熔化焊丝和熔池,并前行。这种填丝方法操作简单容易,适用于小电流、慢焊速的场合,一次给送焊丝长度有限,三指接近熔池时要停顿,不能连续操作,但焊丝残留部分可以短些。

②填丝注意事项。

a. 必须待坡口两侧母材熔化后才可填丝,否则会造成未焊透和未熔合缺陷。

b. 焊丝端部要始终处在氩气保护区内,在焊丝退回时,不可超越氩气保护区。

c. 填丝时要特别注意焊丝不能和钨极相碰,如不慎相碰,将发生很大的烟雾和爆溅,使焊缝污染或夹钨。

d. 要视熔池状态送进焊丝,填丝要均匀,快慢适当。过快会使焊缝余高过高;过慢会使焊缝下凹或咬边,甚至会烧穿。

(5)收弧　焊缝结束时,如果立即熄灭电弧,会产生弧坑未填满或缩孔缺陷。焊某些合金钢时,弧坑还会出现裂纹。正常的收弧方法有如下几种:

①增加焊丝填充量法。焊至近接缝终端处时,减小焊枪和焊缝的夹角,使电弧热量转向焊丝,同时增加焊丝填充量,熔池温度下降,弧坑被逐渐填满,然后切断焊接电源,延时断氩气。

②增加焊速法。收弧时将焊速逐渐提高,于是熔池尺寸逐渐减小,熔深逐渐减小,最后熄弧断气,避免了过深的弧坑。

③电流衰减法。接通焊接电流衰减装置,焊接电流衰减,电弧热量减小,熔池缩小,以至母材熔化少,最后熄弧断气。此法要求焊机有电流衰减装置。

④收弧板法。在接缝终端处设置一收弧板,将弧坑引向收弧板,焊后把收弧板清除,并修平收弧板连接处。

应该强调一点,熄弧后不能立即断氩气,必须在熄弧后氩气保持 6 ~ 8 s,待熔池金属冷凝后才可停止供气。

(6)钨极氩弧焊的焊缝接头　由于氩弧焊可以不加焊丝焊接,其接头方式可以分为引弧处接头和收弧处接头两种。

①引弧处接头。焊前先检查焊缝的端头或弧坑的质量,若质量不合格应用砂轮打磨去掉缺陷,并把过高的端头磨成坡形。在前焊缝上引弧,引弧点离弧坑(或端头)10 ~ 15 mm,如图 4 - 11(a)所示,引弧后电弧不动不加焊丝,待形成与前焊缝同宽度熔池后,电弧前行并形成新的熔池,于是先少加焊丝,后转成正常焊接。

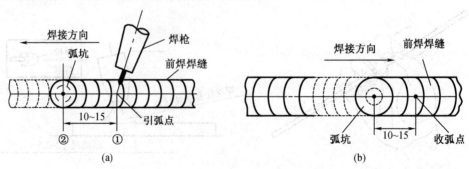

图 4 - 11　引弧处和收弧处的接头

(a)引弧处的接头;(b)收弧处的接头

②收弧处接头。按正常焊接至前焊缝的端头(或弧坑)时,电弧缓慢前行,少加焊丝,待电弧重新熔化前焊缝形成的熔池宽度达到前焊缝两侧,电弧继续前行,从逐渐减少送丝转为不加焊丝,再焊过10~15 mm进行收弧,如图4-11(b)所示,收弧后延时停气。

焊接结束后,关闭焊机,整理工具设备,清理打扫场地。

【任务评价】

任务评价单见表4-5。

表4-5　任务评价单

	序号	检测项目	配分	技术标准	实测情况	得分
焊件评价	1	焊缝宽度	15分	宽2~4 mm,每超差1 mm扣5分		
	2	焊缝成形	25分	要求波纹细、均匀、光滑,否则每项扣5分		
	3	弧坑	5分	弧坑饱满,否则每处扣5分		
	4	接头	10分	要求不脱节,不凸高,否则每处扣5分		
	5	安全文明生产	15分	服从管理、安全操作,酌情扣分		
		总分	70分	实训成绩		

	学号	姓名	评分(满分10分)	学号	姓名	评分(满分10分)
组内互评						

注意:最高分与最低分相差最少3分,同分人最多3人,某一成员分数不得超平均分±3分

组间互评		评分(满分10分)

教师评价		评分(满分10分)

签字	任务完成人签字:　　　　日期:　　年　　月　　日
	指导教师签字:　　　　日期:　　年　　月　　日

任务二　管对接水平固定焊接训练

【实训任务单】

管对接水平固定焊接训练任务单见表4-6。

表 4 − 6　管对接水平固定焊接训练任务单

任务名称	管对接水平固定焊接训练		
所需时间	12 学时	所需场所	实训车间
任务描述	 上图所示为钨极氩弧焊管对接水平固定焊接训练图样,是由两根长 88 mm、直径 ϕ60 mm、厚度 5 mm 的钢管组成,装配间隙 2~3 mm		
任务要求	技能要求: 1. 能够熟练对钨极氩弧焊焊接参数进行选择及调节; 2. 熟练掌握钨极氩弧焊管水平对接的基本操作技术 职业素质要求: 1. 具有规范操作、安全操作和团结协作的优秀品质; 2. 具有严谨认真的工作态度; 3. 具有分析和解决问题能力; 4. 具有创新意识,获取新知识、新技能的学习能力		
实施要求	1. 3 人一小组,相互配合,轮换练习; 2. 训练过程中,注意安全防护;穿戴好个人防护用品和用具,预防电弧光伤害,防止灼伤、火灾和触电; 3. 严格遵守实训车间的规章制度		

【任务实施】

一、焊前准备

1. 设备

焊机型号:WS − 315。

2. 材料

(1) 钢管　尺寸:L = 88 mm、ϕ = 60 mm、S = 5 mm,材质:Q235,4 根/人;

(2) 钨极　纯钨极或铈钨极,直径:ϕ2.0 mm;

(3) 焊丝　牌号:H08Mn2SiA,直径:ϕ2.5 mm。

3. 辅助工具

面罩、画线工具及个人劳保用品。

4. 焊前清理

焊前应对焊件表面的铁锈、油污、水分及其他污物进行清理,直至露出金属光泽。

二、操作步骤

1. 启动焊机
打开焊机电源开关,启动焊机。

2. 调节焊接参数
焊接参数见表4-7。

表 4-7　普通碳素钢手工钨极氩弧焊焊接工艺参数

电源极性	焊接层次	焊丝直径/mm	电流/A	电压/V	钨极直径/mm	气体流量/(L/min)
直流正接	打底层	2.5	80~90	12~14	2.5	6~10
	盖面层		95~95	12~16		

3. 焊接操作
(1)打开氩气瓶气阀,调节氩气流量。

(2)装配定位　采用一点定位焊(12点位置,根部间隙2.5 mm,间隙小的一段置于6点位置,根部间隙2 mm),如图4-12所示。定位焊焊缝长度10~15 mm,要求焊透,焊后进行检查。

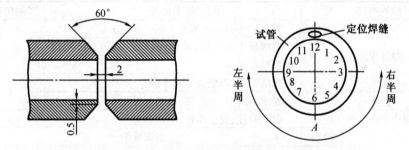

图 4-12　定位焊位置及焊接方向示意图

(3)打底焊　打底焊具体操作如下:

①打底焊时,焊枪和焊丝的相对位置,如图4-13所示。

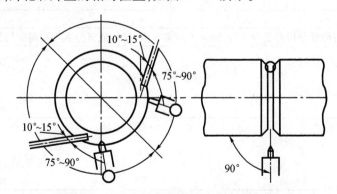

图 4-13　打底焊焊枪和焊丝的相对位置示意图

②先焊右半周,在仰焊6点位置起焊,钨极距母材约2 mm时,进行引弧,弧长控制在2~3 mm,焊枪不动,待坡口两侧加热2~3 s并获得一定大小、明亮清晰的熔池后,开始填丝进行焊接。

③左手送丝,焊丝沿坡口根部上方送到熔池,推进焊丝的同时在坡口根部摆动,使熔化金属送至坡口根部,以得到能熔透正、反面,成形良好的焊缝。

④12 点平焊位置,应少加焊丝,使焊缝与接头圆滑过渡。在定位焊处,不加焊丝。右半圆要通过 11 点,在 11 点处收弧。

⑤焊完右半周一侧后,转到另一侧,焊接左半周。在 5 点位置处引弧,保证焊缝重叠。焊接按顺时针方向通过 11 点至 12 点处收弧;焊接结束时,应与右半周焊缝重叠 4~5 mm,焊缝厚度为 2.5 mm。

(4)盖面焊　盖面焊具体操作如下:

①焊枪横向摆动幅度加大,坡口两侧应稍作停留,将焊丝和棱边熔化,每侧增宽 0.5~1.5 mm。

②焊接时,焊接速度应稍快,以保证熔池两侧与管子棱边熔合良好。

焊接结束后,关闭焊机,整理工具设备,清理打扫场地。

【任务评价】

任务评价单见表 4-8。

表 4-8　任务评价单

<table>
<tr><td rowspan="7">焊件评价</td><td>序号</td><td>检测项目</td><td>配分</td><td colspan="2">技术标准</td><td>实测情况</td><td>得分</td></tr>
<tr><td>1</td><td>焊缝宽度</td><td>15 分</td><td colspan="2">宽 8~10 mm,每超差 1 mm 扣 5 分</td><td></td><td></td></tr>
<tr><td>2</td><td>焊缝成形</td><td>25 分</td><td colspan="2">要求反正面焊缝,表面波纹细、均匀、光滑,否则每项扣 5 分</td><td></td><td></td></tr>
<tr><td>3</td><td>弧坑</td><td>5 分</td><td colspan="2">弧坑饱满,否则每处扣 5 分</td><td></td><td></td></tr>
<tr><td>4</td><td>接头</td><td>10 分</td><td colspan="2">要求不脱节,不凸高,否则每处扣 5 分</td><td></td><td></td></tr>
<tr><td>5</td><td>安全文明生产</td><td>15 分</td><td colspan="2">服从管理、安全操作,酌情扣分</td><td></td><td></td></tr>
<tr><td colspan="2">总分</td><td>70 分</td><td colspan="4">实训成绩</td></tr>
<tr><td rowspan="5">组内互评</td><td colspan="2">学号</td><td>姓名</td><td>评分(满分 10 分)</td><td>学号</td><td>姓名</td><td>评分(满分 10 分)</td></tr>
<tr><td colspan="2"></td><td></td><td></td><td></td><td></td><td></td></tr>
<tr><td colspan="2"></td><td></td><td></td><td></td><td></td><td></td></tr>
<tr><td colspan="2"></td><td></td><td></td><td></td><td></td><td></td></tr>
<tr><td colspan="7">注意:最高分与最低分相差最少 3 分,同分人最多 3 人,某一成员分数不得超平均分 ±3 分</td></tr>
<tr><td rowspan="2">组间互评</td><td colspan="7"></td></tr>
<tr><td colspan="7">评分(满分 10 分)</td></tr>
<tr><td rowspan="2">教师评价</td><td colspan="7"></td></tr>
<tr><td colspan="7">评分(满分 10 分)</td></tr>
<tr><td rowspan="2">签字</td><td colspan="7">任务完成人签字:　　　　日期:　　年　　月　　日</td></tr>
<tr><td colspan="7">指导教师签字:　　　　日期:　　年　　月　　日</td></tr>
</table>

【知识拓展】

钨极氩弧焊设备的保养及故障排除

1. 钨极氩弧焊设备的保养

(1)焊工工作前,应看懂焊接设备使用说明书,明白焊接设备的正确使用方法。

(2)焊机应按说明书上的外部接线图由电工安装接线,首先要检查焊机铭牌电压值和网络电压值是否相符,不相符的不准连接。

(3)氩气瓶要严格执行高压气瓶的使用规定,要避开高热和焊接场地,并必须安置固定,防止倾倒。

(4)焊机外壳必须接地,防止焊工触电,未接地或接地线不合格的,禁止使用。

(5)焊接设备在使用前,必须检查水、气管连接是否良好,以保证焊接时正常供气、供水。

(6)定期检查焊枪的钨极夹头夹紧情况和喷嘴的绝缘状态是否良好。

(7)经常检查电缆外层绝缘是否破损,发现问题及时包扎电缆破损处或更换电缆。

(8)经常检查各种调节旋钮和开关有否松动,发现问题及时处理。

(9)每日应检查焊机有无异常的振动、噪声、异味、漏气,发现问题及时采取措施。

(10)冷却水最高温度不得超过 30 ℃,最低温度以不结冰为限。冷却水必须清洁无杂质,否则会堵塞水路,烧坏焊枪。

(11)氩气瓶内氩气不准全部用完。调换氩气瓶而未装减压流量调节器之前,应把气门阀开启一下,以吹洗出气口。这时焊工不应该站在出气口的正对面,以免受伤。

(12)高温下大电流长时间工作,弧焊电源停止工作,热保护指示灯发亮,此时将焊机空载(不关机)运行几分钟后,会自动恢复正常工作。

(13)工作完毕或离开工作场地时,必须切断焊接电源,关闭水源及氩气瓶阀门。

(14)必须建立健全的焊机保养制度,并定期进行保养。

2. 钨极氩弧焊机的常见故障及排除方法

焊机的故障会影响到焊接生产率和焊接质量,焊工应了解常见故障的产生原因及排除的方法,掌握这些内容可协助电工共同排除故障,恢复生产,这也是焊工应有的技术素质。手工钨极氩弧焊机常见故障的产生原因及排除方法,见表4-9。

表4-9　钨极氩弧焊机常见故障的产生原因及排除方法

故障现象	故障原因	排除方法
合上电源开关,指示灯不亮, 无任何动作	1. 电源开关坏 2. 保险丝烧坏 3. 电源输入接线错误	1. 更换开关 2. 更换保险丝 3. 重新正确接线
指示灯亮,通风电动机不转	1. 风扇电动机坏 2. 连接导线脱落	1. 更换电动机 2. 查明断线处,可靠连接

续表 4 – 9

故障现象	故障原因	排除方法
按下焊接开关,无氩气输出	1. 氩气瓶中压力不足 2. 气路堵塞 3. 气体控制电路故障 4. 焊枪开关故障或线路故障 5. 电磁气阀坏	1. 更换新气瓶 2. 疏通气路 3. 检修电路板 4. 检修焊机开关及接线 5. 更换电磁气阀
无冷却水输出	1. 水流不足 2. 水路阻塞	1. 提高水压 2. 排除异物,疏通水路
无引弧高频	1. 高频变压器故障 2. 控制电路板坏 3. 线路故障	1. 更换变压器 2. 更换控制电路板 3. 检修线路
有高频,引不起电弧	1. 焊件表面不清洁 2. 网路电压偏低 3. 接焊件电缆过长 4. 焊接电流太小 5. 钨极太粗	1. 清理坡口表面 2. 升高网络电压 3. 缩短或加粗电缆 4. 增大焊接电流 5. 修磨钨极端头形状
保护气体不能关掉	有东西卡住电磁气阀	清理电磁气阀
报警(保护)指示灯亮	1. 超过额定负载 2. 输入电压过高或过低 3. 热继电器坏 4. 主电路故障	1. 空载不关机,几分钟后恢复工作 2. 用正常的输入电压 3. 更换热继电器 4. 检修主电路
引弧后,电弧不稳	1. 脉冲稳弧器不工作,指示灯不亮 2. 焊接电源部分故障 3. 消除直流分量元件故障	1. 检修脉冲稳弧器 2. 检修焊接电源部分 3. 更换元件
收弧时,没有电流缓降时间	1. 收弧电流调节器故障 2. 收弧电流控制电路故障 3. 收弧电流太小	1. 更换电位器 2. 修复收弧电流控制电路 3. 重新设定收弧电流
脉冲频率和占空比不可调	1. 调节电位器损坏或接线不良 2. 脉冲电路板故障	1. 更换电位器 2. 检修电路板
高频不能停止	1. 继电器故障 2. 控制高频电路板故障	1. 更换继电器 2. 更换电路板

项目五 气焊实训

【项目描述】

气焊是利用可燃气体与助燃气体混合燃烧产生的气体火焰的热量作为热源,进行金属材料的焊接的加工工艺方法。气焊广泛应用于铜、铝等非铁金属及铸铁的焊接。通过本项目的学习,学生应达到以下要求:

一、知识要求

1. 了解气焊的工作原理;
2. 掌握气焊的设备安装和使用方法;
3. 掌握气焊焊接参数的选择及调节方法;
4. 熟练掌握气焊的基本操作技能。

二、能力要求

1. 能够熟练安装及使用气焊设备;
2. 能够正确调节气焊焊接参数;
3. 能够掌握气焊基本的操作技能。

三、素质要求

1. 具有规范操作、安全操作、认真负责的工作态度;
2. 具有沟通能力及团队合作精神;
3. 具有质量意识、安全意识和环境保护意识;
4. 具有分析问题、解决问题的能力;
5. 具有勇于创新、敬业乐业的工作作风。

【相关知识】

一、气体火焰

产生气体火焰的气体分为可燃气体和助燃气体,可燃气体主要有乙炔、液化石油气等,助燃气体是氧气。气焊常用氧气与乙炔燃烧产生的氧乙炔焰作为焊接热源。

1. 产生气体火焰的气体

(1)氧气 在常温、常态下氧是气态,氧气的分子式为 O_2,无色、无味,比空气略重。标准状况下,密度为 1.429 克/升,能溶于水。氧气本身不能燃烧,具有助燃作用。

气焊对氧气的要求是纯度越高越好。气焊用的工业用氧气一般分为两级:一级纯度氧气含量不低于 99.2%,二级纯度氧气含量不低于 98.5%。

（2）乙炔　乙炔俗称电石气，是一种无色而有特殊臭味的碳氢化合物气体，分子式为C_2H_2，密度比空气小。

乙炔是可燃性气体，它与空气混合燃烧时所产生的火焰温度为 2 350 ℃，而与氧气混合燃烧时所产生的火焰温度为 3 000～3 300 ℃，因此足以迅速熔化金属进行焊接。

乙炔是一种具有爆炸性的危险气体，在一定压力和温度下很容易发生爆炸。乙炔爆炸时会产生高热，特别是产生高压气浪，其破坏力很强，因此使用乙炔时必须要注意安全。

（3）液化石油气　液化石油气的主要成分是丙烷（C_3H_8）、丁烷（C_4H_{10}）、丙烯（C_3H_6）等碳氢化合物，是石油的副产品，在常压下以气态存在，在 0.8～1.5 MPa 压力下，就可变成液态，便于装入瓶中储存和运输。

2. 气体火焰的种类与性质

（1）氧乙炔焰　氧乙炔焰的外形、构造、火焰的化学性质和火焰温度的分布与氧气和乙炔的混合比大小有关。根据混合比的大小不同，可得到性质不同的三种火焰：中性焰、碳化焰和氧化焰，如图5－1所示。

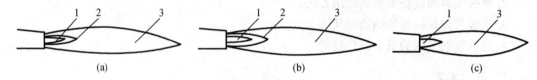

（a）　　　　　　　　　　　（b）　　　　　　　　　　　（c）

图5－1　氧乙炔焰的构造和形状

（a）中性焰；（b）碳化焰；（c）氧化焰

1—焰心；2—内焰；3—外焰

氧乙炔焰三种火焰的特点见表5－1。

表5－1　氧乙炔焰种类及特点

火焰种类	氧与乙炔混合比	火焰最高温度	火焰特点
中性焰	1.1～1.2	3 050～3 150 ℃	氧与乙炔充分燃烧，焰心明亮
碳化焰	小于1.1	2 700～3 000 ℃	乙炔过剩，火焰比中性焰长
氧化焰	大于1.2	3 100～3 300 ℃	氧过剩，火焰比中性焰短

（2）氧液化石油气火焰　氧液化石油气火焰的构造，同氧乙炔火焰基本一样，也分为中性焰、碳化焰和氧化焰三种。焰心分解产物较少，内焰不像乙炔那样明亮，而有点发蓝；外焰则显得比氧乙炔焰清晰且长。由于液化石油气的着火点较高，点火困难，因此必须用明火才能点燃。火焰的温度比乙炔焰略低，温度可达 2 800～2 850 ℃。目前氧液化石油气火焰主要用于气割，并部分地取代了氧乙炔焰。

二、气焊的工作原理

气焊是利用可燃气体和氧气通过焊炬按一定的比例混合，获得所要求的火焰能率和性质的火焰作为热源，将焊件和焊丝熔化，形成熔池，待冷却凝固后形成焊缝连接。

气焊时，先将焊件的焊接处金属加热到熔化状态形成熔池，并不断地熔化焊丝向熔池中填充，气体火焰覆盖在熔化金属的表面上起保护作用，随着焊接过程的进行，熔化金属冷却形成焊缝,焊接过程如图 5 - 2 所示。

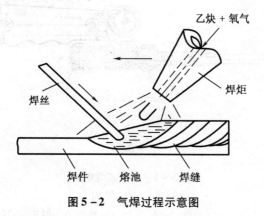

图 5 - 2 气焊过程示意图

三、气焊设备

气焊设备主要由焊炬、氧气瓶、乙炔瓶、减压器等组成,如图 5 - 3 所示。

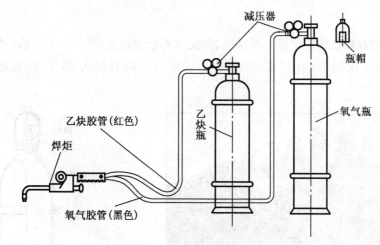

图 5 - 3 气焊设备示意图

1. 焊炬

焊炬俗称焊枪。焊炬是气焊时用于控制气体混合比、流量及火焰并进行焊接的手持工具。焊炬有射吸式(O_2:$C_2H_2 > 1$)和等压式(O_2:$C_2H_2 = 1$)两种。射吸式焊炬外形及构造如图 5 - 4 所示。

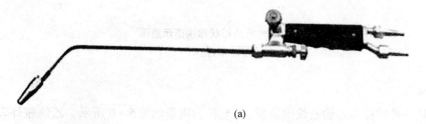

(a)

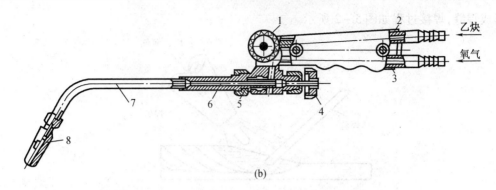

图 5 – 4　射吸式焊炬

（a）外形；（b）结构

1—乙炔阀；2—乙炔导管；3—氧气导管；4—氧气阀；5—喷嘴；6—射吸管；7—混合气管；8—焊嘴

　　焊炬型号是由汉语拼音字母 H、表示结构形式和操作方式的序号及规格组成。例如：H01 – 8 表示手工操作的可焊接最大厚度为 8 mm 的射吸式焊炬。

2. 氧气瓶

　　氧气瓶是贮存和运输氧气的一种高压容器，其形状和构造如图 5 – 5 所示。氧气瓶外表涂天蓝色，瓶体上用黑漆标注"氧气"字样。常用气瓶的容积为 40 L，储氧最大压力为 15 MPa。

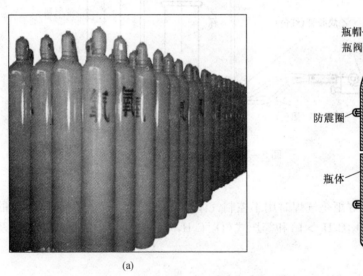
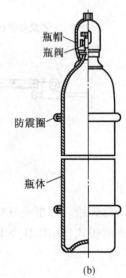

瓶帽

瓶阀

防震圈

瓶体

（a）　　　　　　　　　　（b）

图 5 – 5　氧气瓶的形状和构造示意图

（a）外形；（b）结构

3. 乙炔瓶

　　乙炔瓶是一种贮存和运输乙炔的容器，其形状和构造如图 5 – 6 所示。乙炔瓶外表涂白色，并用红漆标注"乙炔"字样。工作压力为 1.5 MPa，乙炔瓶应竖立放稳，以免丙酮流出；乙炔瓶要远离火源，防止乙炔瓶受热；乙炔瓶在搬运、装卸、存放和使用时，要防止遭受剧烈的振荡和撞击。

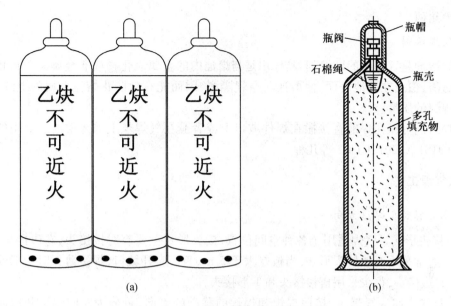

图 5 - 6 乙炔瓶的形状和构造示意图

(a)外形;(b)结构

4. 减压器

减压器是将高压气体降为低压气体的调节装置,其作用是减压、调压、量压和稳压。气焊时所需的气体工作压力一般都比较低,如氧气压力通常为 0.1 ~ 0.4 MPa,乙炔压力最高不超过 0.15 Mpa。

5. 输气胶管

氧气瓶和乙炔瓶中的气体,须用橡皮管输送到焊炬中。根据 GB9448—1999《焊接与切割安全》标准规定,氧气管为黑色,乙炔管为红色。通常氧气管内径为 8 mm,乙炔管内径为 10 mm,氧气管允许工作压力为 1.5 MPa,乙炔管为 0.5 MPa。连接于焊炬胶管长度不能短于 5 m,但太长了会增加气体流动的阻力,一般在 10 ~ 15 m 为宜。焊炬用橡皮管禁止油污及漏气,并严禁互换使用。

6. 其他辅助工具

(1)护目镜 使用护目镜,主要是保护焊工的眼睛不受火焰亮光的刺激,以便在焊接过程中能够仔细地观察熔池金属,又可防止飞溅金属微粒溅入眼睛内。

(2)点火枪 使用手枪式点火枪点火最为安全方便。当用火柴点火时,必须把划着了的火柴从焊嘴的后面送到焊嘴或割嘴上,以免手被烧伤。

此外还有清理工具,如钢丝刷、手锤、锉刀;连接和启闭气体通路的工具,如钢丝钳、铁丝、皮管夹头、扳手等及清理焊嘴的通针。

四、气焊的焊接材料

1. 焊丝

常用的气焊丝有碳素结构钢焊丝、合金结构钢焊丝、不锈钢焊丝、铜及铜合金焊丝、铝及铝合金焊丝和铸铁气焊丝等。常用的焊丝有 H08A、H08MnA、HS201、HS202、HS301、

HS301 等几种。

2.气焊熔剂

气焊熔剂是气焊时的助熔剂,其作用是与熔池内的金属氧化物或非金属夹杂物相互作用生成熔渣,覆盖在熔池表面,使熔池与空气隔离,因而能有效防止熔池金属的继续氧化,改善了焊缝的质量。

气焊熔剂可以在焊前直接撒在焊件坡口上或者蘸在气焊丝上加入熔池。常用的气焊熔剂有 CJ101、CJ201、CJ301 等几种。

五、气焊工艺

1.接头形式及焊接方向

(1)接头形式　气焊适用于各种空间位置,接头形式主要有对接接头、卷边接头、角接接头等。通常采用对接接头形式,当板厚大于 5 mm 时,应开坡口,焊接薄板时一般使用角接接头、卷边接头,很少采用搭接接头和 T 形接头。

(2)焊接方向　气焊时,按照焊炬和焊丝的移动的方向,可分为左向焊法和右向焊法两种。

①右向焊法。右向焊法如图 5−7(a)所示,焊接方向自左向右,火焰指向已焊好的焊缝,加热集中,熔深较大,火焰对焊缝有保护作用,可避免气孔和夹渣。适合焊接厚度较大,熔点及导热性较高的焊件,但不易掌握,一般较少采用。

②左向焊法。左向焊法如图 5−7(b)所示,焊接方向自右向左,火焰指向未焊金属,有预热作用,焊接速度较快,可减少熔深和防止烧穿,操作方便,适宜焊接薄板。缺点是焊缝易氧化,冷却较快,热量利用率低。

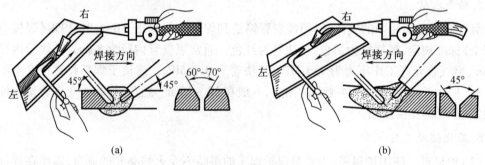

(a)　　　　　　　　　　　　　　　(b)

图 5−7　焊接方向示意图
(a)右向焊法;(b)左向焊法

2.焊接焊接参数

气焊焊接参数包括焊丝的选择、气焊焊剂的选择、火焰的性质及能率、焊嘴的倾斜角度、焊接方向、焊接速度等,它们是保证焊接质量的主要技术依据。

(1)焊丝的选择　一般要求焊丝的熔点应等于或略低于被焊金属的熔点,焊丝的力学性能或化学成分应与焊件相同或相近。焊丝直径主要根据焊件的厚度来决定,焊丝直径与焊件厚度的关系,见表 5−2。

表5-2 焊丝直径与焊件厚度的关系

焊件厚度/mm	1~2	2~3	3~5	5~10	10~15
焊丝直径/mm	1~2 或不用焊丝	2~3	3~3.2	3.2~4	4~5

（2）气焊焊剂的选择 气焊焊剂的选择要根据焊件的成分及其性质而定，一般碳素结构钢气焊时不需要气焊焊剂。而不锈钢、耐热钢、铸铁、铜及铜合金、铝及铝合金气焊时，则必须采用气焊焊剂，才能保证气焊质量。

（3）火焰的性质及能率 气焊火焰的性质对焊接质量影响很大。一般来说气焊时，对需要尽量减少元素烧损的材料，应选用中性火焰；对允许和需要起还原作用和增碳的材料，应选用碳化焰；对母材含有低沸点元素（如锡、锌）的材料，需要生成覆盖在熔池表面的氧化物薄膜，防止低熔点元素蒸发，应选用氧化焰。

气焊火焰能率主要根据焊嘴的大小来选择，焊嘴越大，火焰的能率也越大。在生产实际中，焊件较厚，金属材料熔点较高，导热性较好（如铜、铝及合金），焊缝又是平焊位置，则应选择较大的火焰能率；反之，如果焊接薄板或其他位置焊缝时，火焰能率要适当减小。

（4）焊嘴尺寸 焊嘴是氧乙炔混合气体的喷口，每把焊炬备有一套口径不同的焊嘴，焊接较厚的焊件应用较大的焊嘴。

（5）焊嘴的倾斜角度 焊炬的倾斜角度主要取决于焊件的厚度和母材的熔点及导热性。焊件愈厚、导热性及熔点愈高，采用的焊炬倾斜角越大，这样可使火焰的热量集中；相反，则采用较小的倾斜角。焊接碳素钢，焊炬倾斜角与焊件厚度的关系，如图5-8所示。

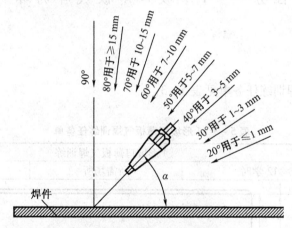

图5-8 焊炬倾斜角与焊件厚度的关系

气焊过程中，焊丝与焊件表面的倾斜角一般为 30°~40°，它与焊炬中心线的角度为 90°~100°，如图5-9所示。

（6）焊接速度 一般来说，对于厚度大、熔点高的焊件，焊接速度要慢一些，以避免产生未熔合的缺陷；而对厚度薄、熔点低的焊件，焊接速度要快些，以避免产生烧穿和焊件过热而降低焊接质量。

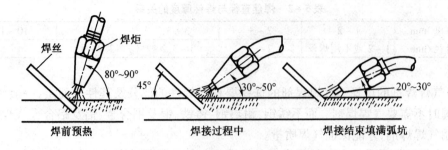

焊前预热　　　　　焊接过程中　　　　　焊接结束填满弧坑

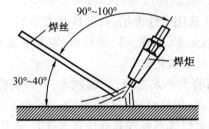

图 5 - 9　焊丝与焊炬、焊件的位置

【实训任务】

任务一　I 形坡口薄板气焊训练

【实训任务单】

I 形坡口薄板气焊训练任务单见表 5 - 3。

表 5 - 3　I 形坡口薄板气焊训练任务单

任务名称	I 形坡口薄板气焊训练		
所需时间	12 学时	所需场所	实训车间
任务描述	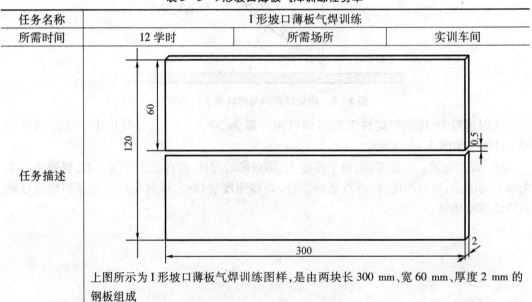 上图所示为 I 形坡口薄板气焊训练图样,是由两块长 300 mm、宽 60 mm、厚度 2 mm 的钢板组成		

续表 5-3

任务要求	技能要求： 1.能熟练安装使用气焊的焊接设备； 2.熟练掌握气焊的基本操作技术 职业素质要求： 1.具有规范操作,安全操作和团结协作的优秀品质； 2.具有严谨认真的工作态度； 3.具有分析和解决问题能力； 4.具有创新意识,获取新知识、新技能的学习能力
实施要求	1.3人一小组,相互配合,轮换练习； 2.训练过程中,注意安全防护；穿戴好个人防护用品和用具,预防电弧光伤害,防止飞溅金属造成的灼伤和火灾,防止触电； 3.严格遵守实训车间的规章制度

【任务实施】

一、焊前准备

1.设备

乙炔瓶、氧气瓶、乙炔减压器及氧气减压器、射吸式焊炬及气焊用胶管。

2.材料

(1)钢板　尺寸：$L \times B \times S = 300\ mm \times 60\ mm \times 2\ mm$,材质：Q235,2块/人；

(2)焊丝　牌号：H08A,直径：$\phi 2.0\ mm$,5根/人。

3.辅助工具

气焊眼镜、通针、打火枪、工作服、手套、胶鞋、小锤、钢丝钳等。

4.焊前清理

焊前应对焊件表面的铁锈、油污、水分及其他污物进行清理,直至露出金属光泽。

二、操作步骤

1.连接气焊设备

在老师的指导下,连接气焊设备。

2.焊接操作

焊接基本操作要领如下：

(1)点火　点火之前,先把氧气瓶和乙炔瓶上的总阀打开,然后转动减压器上的调压手柄(顺时针旋转),将氧气和乙炔调到工作压力。再打开焊枪上的乙炔调节阀,此时可以把氧气调节阀少开一点,让氧气助燃点火(用明火点燃)。

(2)调节火焰　刚点火的火焰是碳化焰,然后逐渐开大氧气阀门,改变氧气和乙炔的比例,根据被焊材料性质及厚薄要求,调到所需的中性焰、氧化焰或碳化焰。

(3)施焊 施焊步骤如下：

①起焊。起焊时,焊件温度低;为便于形成熔池,并有利于对焊件预热,焊嘴倾角应大些(80°~90°),同时在起焊处使火焰往复运动,保证焊接处加热均匀。

②焊接过程中焊炬与工件角度控制。参考图5-8。

③焊丝角度控制。参考图5-9。

④焊嘴与焊丝的运动。焊嘴与焊丝有三个运动方向。

a. 焊嘴沿焊缝纵向移动,不断地熔化焊丝,形成焊缝。

b. 焊嘴沿焊缝做横向摆动,充分加热焊件,使液态金属搅拌均匀,焊缝边缘熔合良好,得到致密性好的焊缝。

c. 焊嘴在垂直焊缝方向跳动,焊丝在垂直焊缝方向做送进跳动,以调节熔池的热量和焊丝的填充量。如图5-10所示。

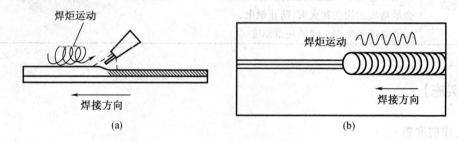

图5-10　焊炬运动示意图

(a)螺旋形运动;(b)锯齿形运动

⑤接头与收尾。气焊接头时,应用火焰把原熔池重新加热熔化形成新的熔池后,才可加入焊丝。收尾时,由于焊缝温度较高,散热较慢,因此,可减小焊嘴倾斜角20°~30°,加快焊接速度,并多加焊丝,避免熔池面积扩大、烧穿。

⑥熄火。关闭焊炬上的乙炔气阀→关闭焊炬上的氧气气阀→关闭乙炔气瓶→关闭氧气气瓶。

⑦回火的处理。当遇到回火时,不要紧张,应迅速将焊炬上的乙炔调节阀关闭,同时关闭氧气调节阀,等回火熄灭后,再打开氧气调节阀,吹除焊炬内的余焰和烟灰,并将焊炬的手柄前部放入水中冷却。

具体焊接步骤:

(1)选用中性焰,左向焊法;将焊接样板按装配图纸进行定位焊,装配间隙0.5 mm。

(2)焊接样板　焊接时,对准接缝的中心线,焊接速度要随焊件熔化情况而变化,使焊缝两边缘熔合均匀,背面焊透要均匀。焊丝位于焰心前下方2~4 mm处,如图5-11所示。若在熔池边缘上被粘住,这时不要用力拔焊丝,可用火焰加热焊丝与焊件接触处,焊丝即可自然脱离。

在焊接过程中,焊炬和焊丝要作上下往复相对运动,其目的是调节熔池温度,使得焊缝熔化良好,并控制液体金属的流动,使焊缝成形美观。

焊接时,应始终保持熔池大小一致。控制熔池大小,可通过改变焊炬角度、高度和焊接速度来调节。发现熔池过小,焊丝不能与焊件熔合,仅敷在焊件表面,表明热量不足,因此应增加焊炬倾角,减慢焊接速度。发现熔池过大,且没有流动金属时,表明焊件被烧穿。此时应迅速提起火焰或加快焊接速度,减小焊炬倾角,并多加焊丝。

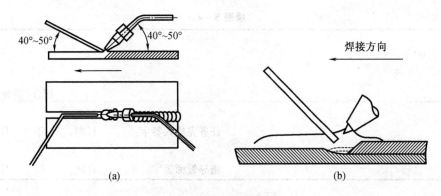

图5-11 气焊操作方法

(a)焊炬与焊丝的位置;(b)焊丝端头与焊炬焰心的位置

焊接结束时,将焊炬火焰缓慢提起,使焊缝熔池逐渐减小。为了防止收尾时产生气孔、裂纹和熔池没填满产生凹坑等缺陷,可在收尾时多加一点焊丝。

焊接结束后,按照熄火顺序,关闭焊炬上的乙炔气阀→关闭焊炬上的氧气气阀→关闭乙炔气瓶→关闭氧气气瓶。整理工具设备,清理打扫场地。

【任务评价】

任务评价单见表5-4。

表5-4 任务评价单

<table>
<tr><td colspan="2">序号</td><td>检测项目</td><td>配分</td><td>技术标准</td><td>实测情况</td><td>得分</td></tr>
<tr><td rowspan="7">焊件评价</td><td>1</td><td>焊缝宽度</td><td>10分</td><td>宽2~4 mm,每超差1 mm扣5分</td><td></td><td></td></tr>
<tr><td>2</td><td>焊缝成形</td><td>20分</td><td>要求波纹细、均匀、光滑,否则每项扣5分</td><td></td><td></td></tr>
<tr><td>3</td><td>弧坑</td><td>5分</td><td>弧坑饱满,否则每处扣5分</td><td></td><td></td></tr>
<tr><td>4</td><td>接头</td><td>10分</td><td>要求不脱节,不凸高,否则每处扣5分</td><td></td><td></td></tr>
<tr><td>5</td><td>咬边</td><td>10分</td><td>深<0.5 mm,每长5 mm扣5分;深>0.5 mm,每长5 mm扣10分</td><td></td><td></td></tr>
<tr><td>6</td><td>安全文明生产</td><td>15分</td><td>服从管理、安全操作,酌情扣分</td><td></td><td></td></tr>
<tr><td colspan="2">总分</td><td>70分</td><td colspan="3">实训成绩</td></tr>
</table>

<table>
<tr><td rowspan="5">组内互评</td><td>学号</td><td>姓名</td><td>评分(满分10分)</td><td>学号</td><td>姓名</td><td>评分(满分10分)</td></tr>
<tr><td></td><td></td><td></td><td></td><td></td><td></td></tr>
<tr><td></td><td></td><td></td><td></td><td></td><td></td></tr>
<tr><td></td><td></td><td></td><td></td><td></td><td></td></tr>
<tr><td colspan="6">注意:最高分与最低分相差最少3分,同分人最多3人,某一成员分数不得超平均分±3分</td></tr>
<tr><td>组间互评</td><td colspan="6" style="text-align:right">评分(满分10分)</td></tr>
</table>

续表 5 – 4

教师评价		
		评分(满分 10 分)
签字	任务完成人签字: 日期: 年 月 日	
	指导教师签字: 日期: 年 月 日	

【知识拓展】

气焊设备的安全使用

1. 焊炬的安全使用

(1)射吸式焊炬,在点火前必须检查其射吸性能是否正常,以及焊炬各连接部位及调节手轮的针阀等处是否漏气。

(2)经以上检查合格后,才能点火。点火时先开启乙炔轮,点燃乙炔并立即开启氧气调节手轮,调节火焰。这种点火方法与先开氧气后开乙炔的方法相比较,具有的优点是,可以避免点火时的鸣爆现象,容易发现焊炬是否堵塞等弊病,火焰由弱逐渐变强,火焰燃烧平稳等。其缺点是,刚点火时冒黑烟,影响环境卫生。也可以在点火时先把氧气调节手轮稍微开启,再开启乙炔调节手轮并立即点火。此方法可消除冒黑烟的缺点,但焊炬一旦有堵塞时氧气有可能进入乙炔通道,形成回火条件。按安全操作要求,建议采用前面一种操作方法。

(3)火焰停止使用时,应先关乙炔调节手轮,以防止发生回火和产生黑烟。

(4)焊炬的各气体通路均不允许沾染油脂,以防氧气遇到油脂而燃烧爆炸。

(5)根据焊件的厚度选择适当的焊炬及焊嘴。并用扳手将焊嘴拧紧,拧到不漏气为止。

(6)在使用过程中,如发现气体通路或阀门有漏气现象,应立即停止工作,消除漏气后,才能继续使用。

(7)不准将正在燃烧的焊炬随手卧放在焊件或地面上。

(8)焊嘴头被堵塞时,严禁嘴头与平板摩擦,而应用通针清理,以消除堵塞物。

(9)工作暂停或结束后,应将氧气和乙炔瓶关闭,并将压力表的指针调至零位。同时还要将焊炬和胶管盘好,挂在靠墙的架子上或拆下橡皮管将焊炬存放在工具箱内。

(10)使用焊炬时应当注意尽可能防止产生回火;如果操作中发生回火,应急速关闭乙炔调节手轮,再关闭氧气调节手轮。

2. 减压器的安全使用

减压器的作用是用来表示瓶内气体及减压后气体的压力,并将气体从高压降低到工作需要压力。同时,不论高压气体的压力如何变化,它能使工作压力基本保持稳定。

减压器的安全使用应注意以下几点:

(1)减压器上不得沾染油脂。如有油脂必须擦净后才能使用。

(2)安装减压器之前,要略打开氧气瓶阀门,吹除污物,预防灰尘和水分带入减压器内。

（3）装卸减压器时必须注意防止管接头螺纹损坏滑牙，以免旋装不牢固射出。

（4）减压器出口与氧气胶管接头处必须用铁丝或管卡夹紧。

（5）打开减压器时，动作必须缓慢，瓶阀嘴不应朝向人体方向。

（6）在工作过程中必须注意观察工作压力表的压力数值，工作结束后应从气瓶上取下减压器，加以妥善保存。

（7）减压器冻结时，要用热水和蒸汽解冻，严禁用火烘烤。在减压器加热后，应吹除其中的残留水分。

（8）各种气体的减压器不能换用。

（9）减压器必须定期检修，压力表必须定期校验。

3. 氧气与乙炔胶管的安全使用

氧气与乙炔胶管的安全使用应分别按照 GB2550—2007 氧气胶管国家标准和GB2551—2007 乙炔胶管国家标准规定保证制造质量。胶管应具有足够的抗压强度和阻燃特性；在保存、运输和使用胶管时必须维护、保持胶管的清洁和不受损坏。新胶管在使用前，必须先把胶管内壁滑石粉吹除干净，防止焊割炬的通道堵塞。氧气与乙炔胶管不准互相代用和混用，不准用氧气吹除乙炔胶管内的堵塞物。

气焊工作前，应检查胶管有无磨损、划伤、穿孔、裂纹、老化等现象，并及时修理和更换；氧气、乙炔胶管与回火防止器等导管连接时，管径相互吻合，并用管卡或细铁丝夹紧。乙炔管在使用中脱落、破裂或着火时，应首先关闭焊炬或割炬的所有调节手轮，将火焰熄灭，然后停止供气。

4. 气瓶的安全使用

（1）氧气瓶　安全使用注意事项如下：

①氧气瓶在出厂前必须按照《气瓶安全监察规程》的规定，严格进行技术检验。检验合格后。应在气瓶的球面部分做明显标志。

②充灌氧气瓶时必须首先进行外部检查，并认真鉴别瓶内气体，不得随意充灌。

③氧气瓶在运送时必须戴上瓶帽，并避免相互碰撞，不能与可燃气体的气瓶、油料以及其他可燃物同车运输。搬运气瓶时，必须使用专用小车，并固定牢固。不得将氧气瓶放在地上滚动。

④氧气瓶一般应直立放置，且必须安放稳固，防止倾倒。

⑤取瓶帽时，只能用手或扳手旋转，禁止用铁器敲击。

⑥在瓶阀上安装减压器之前，应拧开瓶阀，吹尽出气口内的杂质，并轻轻地关闭阀门。装上减压器后，要缓慢开启阀门，开得太快容易引起减压器燃烧和爆炸。

⑦在瓶阀上安装减压器时，与阀口连接的螺母要拧得坚固，以防止开气时脱落，人体要避开阀门喷出方向。

⑧严禁氧气瓶阀、氧气减压器、焊炬、割炬、氧气胶管等粘上易燃物质和油脂等，以免引起火灾或爆炸。

⑨夏季使用氧气瓶时，必须放置在凉棚内，严禁阳光照射；冬季不要放在火炉和距暖气太近的地方，以防爆炸。

⑩冬季要防止氧气瓶阀冻结。如有结冻现象，只能用热水和蒸汽解冻，严禁用明火烘烤，也不准用铁敲击，以免引起瓶阀断裂。

⑪氧气瓶内的氧气不能全部用完,最后要留 0.1~0.2 MPa 的氧气,以便充氧时鉴别气体的性质和防止空气或可燃气体倒流入氧气瓶内。

⑫气瓶库房和使用气瓶时,都要远离高温、明火、熔融金属飞溅物和可燃易爆物质等。一般规定相距 10 m 以上。

⑬氧气瓶必须做定期检查,合格后才能继续使用。

⑭氧气瓶阀着火时,应迅速关闭阀门,停止供气,使火焰自行熄灭。如邻近建筑物或可燃物失火,应尽快将氧气瓶移到安全地点,防止受火场高热而引起爆炸。

(2)乙炔瓶　安全使用注意事项如下:

使用乙炔瓶时除必须遵守氧气瓶的安全使用外,还应严格遵守下列各点:

①乙炔瓶不应遭受剧烈振动和撞击,以免引起乙炔瓶爆炸。

②乙炔瓶在使用时应直立放置,不能躺卧,以免丙酮流出,引起燃烧爆炸。

③乙炔减压器与乙炔瓶阀的连接必须可靠,严禁在漏气情况下使用。

④开启乙炔瓶阀时应缓慢,不要超过一转半,一般只需开启 3/4 转。

⑤乙炔瓶体表面的温度不应超过 30~40 ℃,因为温度高会降低丙酮对乙炔的溶解度,而使瓶内乙炔压力急剧增高。

⑥乙炔瓶内的乙炔不能全部用完,最后必须留 0.03 MPa 以上的乙炔气。应将瓶阀关紧,防止漏气。

⑦当乙炔瓶阀冻结时,不能用明火烘烤。必要时可用 40 ℃ 以下的温水解冻。

⑧使用乙炔瓶时,应装置干式回火防止器,以防止回火传入瓶内。

总之,各类气瓶在使用过程中必须根据国家《气瓶安全监察规程》要求进行定期检验。

项目六　等离子弧焊实训

【项目描述】

等离子弧是电弧的一种特殊形式,是自由电弧被压缩后形成的。它是借助等离子弧枪喷嘴及外部拘束作用,使弧柱的横截面受到限制而不能自由扩大,使电弧的温度、能量密度和等离子体流速都显著增大;广泛应用于焊接、切割、喷涂及堆焊等领域。等离子弧焊是利用等离子弧作为热源进行焊接的一种方法。通过本项目的学习,学生应达到以下要求:

一、知识要求

1. 了解等离子弧形成过程;
2. 了解等离子弧焊接的工作原理;
3. 了解等离子弧焊的焊接设备的组成;
4. 掌握等离子弧焊焊接参数的选择及调节方法;
5. 掌握等离子弧焊接的基本操作技能。

二、能力要求

1. 能够正确地使用等离子弧焊接设备;
2. 能够熟练调节等离子弧焊焊接参数;
3. 能够掌握等离子弧焊接的基本操作技能。

三、素质要求

1. 具有规范操作、安全操作、认真负责的工作态度;
2. 具有沟通能力及团队合作精神;
3. 具有质量意识、安全意识和环境保护意识;
4. 具有分析问题、解决问题的能力;
5. 具有勇于创新、敬业乐业的工作作风。

【相关知识】

一、等离子弧的形成

等离子弧是电弧的一种特殊形式,是自由电弧被压缩后形成的。从本质上讲,它仍然是一种气体导电现象。

常见电弧焊的电弧为自由电弧,电弧未受到外界的压缩,当电弧电流增大时,弧柱直径也随之增大,因此弧柱中的电流密度近乎常数,其温度也被限制在 5 730 ℃ ~7 730 ℃,电弧中的气体电离是不充分的。如果在提高电弧功率的同时,限制弧柱截面的扩大或减小弧柱直径,即对自由电弧的弧柱进行强迫"压缩",就能获得导电截面收缩得比较小、能量更加集中、弧柱中气体几乎完全电离,而得到完全是由带正电的正离子和带负电的电子所组成的等离子体状态的电弧,即等离子弧。

目前广泛采用的压缩电弧产生方法是将钨极缩入喷嘴内部,并且在水冷喷嘴中通以一定压力和流量的离子气,强迫电弧通过喷嘴孔道,如图6-1所示。此时电弧受到下述三种压缩作用。

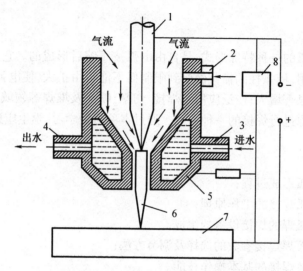

图 6-1　等离子弧发生装置原理图

1—钨极;2—进气管;3—进水管;4—出水管;5—喷嘴;6—等离子弧;7—焊件;8—高频振荡器

1.机械压缩作用

当把一个用水冷却的铜制喷嘴放置在电弧通道上,强迫这个"自由电弧"从细小的喷嘴孔中通过,弧柱直径受到喷嘴孔径的机械约束而不能自由扩大,而使电弧截面受到压缩,这种作用称为机械压缩作用。

2.热收缩作用

当电弧通过水冷却的喷嘴,同时又受到外部不断送来的高速冷却气流(如氮气、氩气、空气等)的冷却作用时,弧柱外围受到强烈冷却,使其外围的电离度大大减弱,电弧电流只能从弧柱中心通过,即导电截面进一步缩小,而电流密度、温度和能量密度则进一步提高,这种作用称为热收缩作用。

3.电磁收缩作用

带电粒子在弧柱内的运动,可看成是电流在一束平行的"导线"内移动,这些"导线"自身的磁场所产生的电磁力,使这些"导线"相互吸引,因此产生磁收缩作用。由于机械压缩作用和热收缩作用使电弧中心的电流密度已经很高,使得磁收缩作用明显增强,从而使电弧更进一步地受到压缩。

在上述三种压缩作用中,喷嘴孔径的机械压缩作用是前提;热收缩作用则是电弧被压缩的最主要原因;电磁收缩作用是必然存在的,它对电弧的压缩也起到一定作用。

二、等离子弧焊接的工作原理

等离子弧焊是利用等离子弧作为热源的焊接方法。气体由电弧加热产生电离,在高速通过水冷喷嘴时受到压缩,增大能量密度和离解度,形成等离子弧。它的稳定性、发热量和温度都高于一般电弧,因而具有较大的熔透力和焊接速度。其工作原理如图 6 – 2 所示。

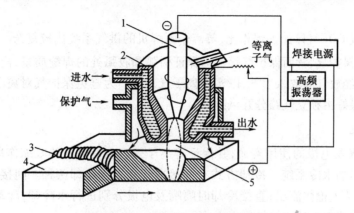

图 6 – 2　等离子弧焊接示意图

1—钨极;2—喷嘴;3—焊缝;4—焊件;5—等离子弧

三、等离子弧焊接设备

等离子弧焊设备可分为手工焊设备和自动焊设备两大类。手工等离子弧焊设备主要有焊接电源、焊枪、控制系统、气路系统和水路系统等部分组成,如图 6 – 3 所示。自动等离子弧焊设备除上述部分外,还有焊接小车和送丝机构。

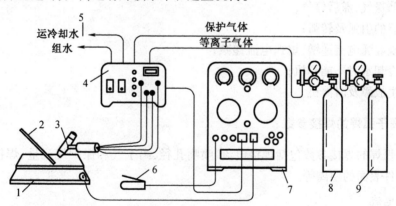

图 6 – 3　等离子弧焊设备

1—焊件;2—填充焊丝;3—焊枪;4—控制系统;5—水冷系统;6—启动开关;7—焊接电源;8,9—供气系统

1.焊接电源

等离子弧焊电源一般采用具有陡降或垂直下降外特性的直流弧焊电源。电源空载电压根据离子气的种类而定,如采用纯氩气作离子气时,电源空载电压只需 80 V 左右;而采用 Ar + H$_2$ 的混合气体作离子气时,电源空载电压则需要 110 ~ 120 V。

2.焊枪

等离子弧焊枪的设计应保证等离子弧燃烧稳定、引弧及转弧可靠、电弧压缩性好、绝缘和通气及冷却可靠、更换电极方便、喷嘴和电极对中性好。焊枪主要由上枪体、下枪体、喷嘴和钨极夹持机构等组成。上下枪体都接电源,但极性不同,所以上下枪体之间应可靠绝缘。冷却水一般由下枪体水套进入,由上枪体水套流出,以保证水冷效果。

3. 气路系统

与氩弧焊或 CO_2 气体保护焊相比,等离子弧焊机的供气系统比较复杂。供气系统包括离子气、焊接区保护气、背面保护气等。为保证引弧和收弧处的焊缝质量,离子气可分两路供给,其中一路经放气阀放入大气,以实现离子气衰减。为避免保护气对离子气的干扰,保护气和离子气最好由独立气路分开供给。

4. 冷却系统

为延长喷嘴及电极的使用寿命,并保证等离子弧产生良好的热收缩作用,等离子弧焊机必须具有合适的水冷系统。冷却方式有间接冷却和直接冷却两种。间接冷却时冷却水从下枪体进入,从上枪体流出;直接冷却时喷嘴及电极分别进行水冷却,冷却效果好,一般都用在具有镶嵌式电极的焊枪结构中。

5. 控制系统

等离子弧焊设备的控制系统一般包括高频引弧电路、拖动控制电路、延时电路和程序控制电路等部分。控制系统一般应具有如下功能:

(1)可预调气体流量并实现离子气流的衰减;

(2)焊前能进行对中调试;

(3)调节焊接小车行走速度及填充焊丝的送进速度;

(4)提前送气,滞后停气;

(5)可靠的引弧及转弧;

(6)实现起弧电流递增,熄弧电流递减;

(7)无冷却水时不能开机;

(8)发生故障及时停机。

四、等离子弧焊的焊接参数

等离子弧焊的焊接参数包括焊接电流、喷嘴孔径、离子气和保护气流量、焊接速度及喷嘴端面至焊件表面的距离等。

1. 焊接电流

当其他条件不变时,焊接电流增加,熔透能力增强;通常根据焊件的材质和厚度确定焊接电流。

2. 喷嘴孔径

喷嘴孔径直接决定等离子弧的压缩程度,是选择其他参数的前提。在焊接生产过程中,当焊件厚度增大时,焊接电流也应增大,但一定孔径的喷嘴其许用电流是有限制的,见表 6－1。因此,一般应按焊件厚度和所需电流值确定喷嘴孔径。

表 6－1　喷嘴孔径与许用电流

喷嘴孔径/mm	1.0	2.0	2.5	3.0	3.5	4	4.5
许用电流/A	≤30	40～150	140～180	180～250	250～350	350～400	450～500

3. 离子气种类及流量

目前应用最广的离子气是氩气,适用于所有金属。为提高焊接生产率和改善接头质量,针对不同金属可在氩气中加入其他气体。例如,焊接不锈钢和镍合金时,可在氩气中加入体积分数为 5% ~7.5% 的氢气;焊接钛及钛合金时,可在氩气中加入体积分数为 50% ~75% 的氦气。

当其他条件不变时,离子气流量增加,等离子弧的冲力和穿透力都增大。因此,要实现稳定的穿透法焊接过程,必须要有足够的离子气流量;但离子气流量太大时,会使等离子弧的冲力过大而将熔池金属冲掉,同样无法实现穿透法焊接。

4. 焊接速度

当其他条件不变时,提高焊接速度,则输入到焊缝的热量减少,在穿透法焊接时,小孔直径将减小;如果焊速太高,则不能形成小孔,故不能实现穿透法焊接。但此时若能增大焊接电流或离子气流量,则又能实现稳定的穿透法焊接。因此,焊接速度的确定,取决于焊接电流和离子气流量。

5. 喷嘴端面至工件表面的距离

喷嘴端面至工件表面的距离为喷嘴高度。生产实践证明喷嘴高度应保持在 3 ~8 mm 较为合适。如果喷嘴高度过大,会增加等离子弧的热量损失,使熔透能力减小,保护效果变差;但若喷嘴高度太小,则不便操作,喷嘴也易被飞溅物堵塞,还容易产生双弧现象。

6. 保护气成分及流量

采用等离子弧焊接时,除向焊枪输入离子气外,还要输入保护气,以充分保护熔池不受大气污染。大电流等离子弧焊时保护气与离子气成分应相同,否则会影响等离子弧的稳定性。小电流等离子弧焊时,离子气与保护气成分可以相同,也可以不同,因为此时气体成分对等离子弧的稳定性影响不大。保护气一般采用氩气,气流量一般选择 15 ~30 L/min。

常用的穿透型等离子弧焊焊接参数见表 6 – 2。

表 6 – 2　穿透型等离子弧焊焊接参数

材料	厚度 /mm	坡口形式	焊接电流 /A	电弧电压 /V	焊接速度 /cm·min⁻¹	气体成分 (体积分数)	气体流量/L·min⁻¹ 离子气	保护气
碳钢	3.2	I	185	28	30	Ar	6.1	28
低合金钢	4.2	I	200	29	25	Ar	5.7	28
	6.4		275	33	36		7.1	
不锈钢	2.4	I	115	30	61	Ar95% + H₂5%	2.8	17
	3.2		145	32	76		4.7	17
	4.8		165	36	41		6.1	21
	6.4		240	38	36		8.5	24

熔透型等离子弧焊的焊接参数种类与穿透型等离子弧焊基本相同,焊件熔化和焊缝成形过程则和钨极氩弧焊相似。中、小电流熔透型等离子弧焊通常采用混合型弧,由于非转移弧的存在,使得主弧在很小电流下也能稳定燃烧。但维弧电流过大容易损坏喷嘴,一般选用 2 ~5 A。

【实训任务】

任务一　I形坡口板对接等离子弧焊训练

【实训任务单】

I形坡口板对接等离子弧焊训练任务单见表6-3。

表6-3　I形坡口板对接等离子弧焊训练任务单

任务名称	I形坡口板对接等离子弧焊训练		
所需时间	12学时	所需场所	实训车间
任务描述	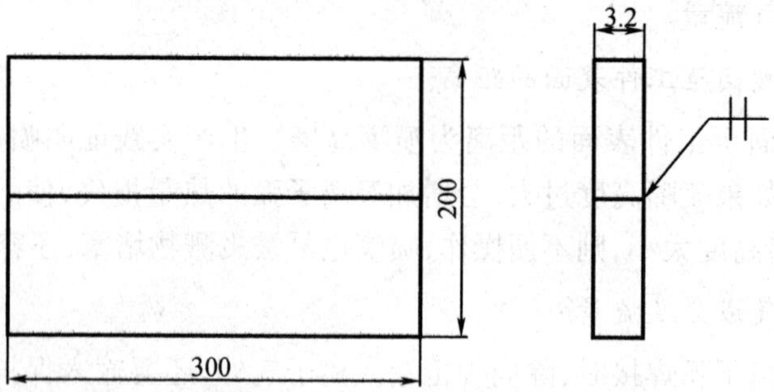 上图所示为I形坡口板对接等离子弧焊训练图样,是由两块长300 mm、宽100 mm、厚度3.2 mm的钢板组成		
任务要求	技能要求: 1.能够正确的使用等离子弧焊接设备; 2.能够熟练调节等离子弧焊焊接参数; 3.能够掌握等离子弧焊接的基本操作技术 职业素质要求: 1.具有规范操作,安全操作和团结协作的优秀品质; 2.具有严谨认真的工作态度; 3.具有分析和解决问题能力; 4.具有创新意识,获取新知识、新技能的学习能力		
实施要求	1.4人一小组,相互配合,轮换练习; 2.训练过程中,注意安全防护;穿戴好个人防护用品和用具,预防电弧光伤害,防止灼伤、火灾和触电; 3.严格遵守实训车间的规章制度		

【任务实施】

一、焊前准备

1. 设备

焊机型号：IGBT – LHM – 315。

2. 材料

钢板 尺寸：$L \times B \times S = 300 \text{ mm} \times 100 \text{ mm} \times 3.2 \text{ mm}$，材质：12Cr18Ni9，2 块/人；

焊丝 牌号：H12Cr18Ni9，直径：$\phi 2.0 \text{ mm}$。

3. 辅助工具

面罩及个人劳保用品。

4. 焊前清理

焊前应对焊件表面的油污、水分及其他污物进行清理。

二、操作步骤

1. 启动焊机

打开焊机电源、气路、水路开关。

2. 调节焊接参数

焊接参数见表 6 – 4。

表 6 – 4　等离子弧焊焊接工艺参数

钨极直径 /mm	喷嘴直径 /mm	焊接电流 /A	电弧电压 /V	焊接速度 /mm·min⁻¹	气体成分（体积分数）	气体流量 /L·min⁻¹	
						离子气	保护气
1.6	2.5	145	32	760	Ar95% + H₂5%	4.7	17

3. 焊接操作

（1）引弧　手工操作等离子弧焊枪，与焊件夹角为 75°～85°，按启动开关，引燃电弧。

（2）焊接　焊枪与焊件成 75°～85°夹角，焊丝与焊件的夹角为 10°～15°，采用左向焊法，焊枪应保持均匀的直线形移动。

起焊时，电弧在起弧处稍作停顿，用焊丝触及焊接处，当有熔化迹象时，添加焊丝，动作焊枪动作协调一致。

焊接过程中观察熔池大小，及时调整焊枪与焊件夹角，改变焊接速度；有烧穿危险时，立即熄弧。

中途停顿或焊丝用完熄弧时，焊枪在原处停留几秒，以免焊缝氧化。再进行焊接时，和开始操作一样，保持接头平整、光滑。

（3）收弧　当焊至焊缝终端时，利用焊接电流衰减装置收弧，加入适量焊丝填满弧坑。

焊接结束后，关闭焊机，整理工具设备，清理打扫场地。

【任务评价】

任务评价单见表6-5。

表6-5　任务评价单

	序号	检测项目	配分	技术标准			实测情况	得分
焊件评价	1	焊缝宽度	15分	宽2~4 mm,每超差1 mm扣5分				
	2	焊缝成形	25分	要求反正面焊缝,表面波纹细、均匀、光滑,否则每项扣5分				
	3	弧坑	5分	弧坑饱满,否则每处扣5分				
	4	接头	10分	要求不脱节,不凸高,否则每处扣5分				
	5	安全文明生产	15分	服从管理、安全操作,酌情扣分				
		总分	70分	实训成绩				
组内互评	学号	姓名	评分(满分10分)		学号	姓名	评分(满分10分)	
	注意:最高分与最低分相差最少3分,同分人最多3人,某一成员分数不得超平均分±3分。							
组间互评							评分(满分10分)	
教师评价							评分(满分10分)	
签字	任务完成人签字:　　　日期:　　年　　月　　日							
	指导教师签字:　　　日期:　　年　　月　　日							

【知识拓展】

等离子弧焊焊机的维护与保养及常见故障处理

1.焊机的维护与保养

(1)焊机存放处应通风良好,不得有雨水浸入,周围介质无有害及腐蚀性气体,温度不高于40 ℃,空气相对湿度不得超过85%,海拔不超过4000 m。

(2)焊机在使用前,或经过长期搁置重新使用前,应仔细检查焊接电源有无损坏。检查焊机绝缘电阻,主回路对地的绝缘电阻不得低于1 MΩ,控制回路对地的绝缘电阻不得低于0.5 MΩ;如果低于上述阻值时,应进行必要的干燥处理。

(3)焊机与冷却水箱必须可靠接地后方可使用,当几个接地线向同一个接地装置连接时,应采用并联,不允许采用串联连接。

(4)每次使用前,必须检查气路和水路,如有漏气、漏水情况,应予以消除。

(5)焊机连接时,焊枪接负极,工件接正极,在指定位置接好接地线。

2. 常见故障处理

在等离子焊接过程中,由于错误操作或意外情况可能导致在焊接过程中出现一些问题,如不及时解决可能会导致严重的后果,等离子弧焊接设备常见问题及排除方法,见表6-6。

表6-6 等离子弧焊接设备常见问题及排除方法

常见问题	产生原因	排除方法
产生双弧	1. 电流过大 2. 离子气过小 3. 钨极与喷嘴的同心度不好 4. 电极内缩量过大 5. 喷嘴的孔道比过大 6. 喷嘴被飞溅物堵塞	1. 减小焊接电流 2. 增加离子气流量 3. 调整钨极与喷嘴的同心度 4. 减小电极内缩量 5. 减小孔道比 6. 清理喷嘴
等离子喷嘴处冒烟	1. 水箱未打开 2. 焊枪无冷却水	1. 打开水箱开关 2. 检查水冷系统
焊接过程中电极烧损严重	1. 采用了反极性接法 2. 气体保护不良 3. 钨极直径与所用电流不匹配 4. 弧压过高	1. 改用正极性接法 2. 加强气体保护效果 3. 更换与焊接电流相匹配的钨极 4. 减小弧压

项目七   焊接结构装配实训

【项目描述】

　　焊接结构是将各种经过轧制的金属材料及铸、锻件等坯料采用焊接方法制成能承受一定载荷的金属结构。

　　装配是将焊接件按产品图样和技术要求,采用适当工艺方法连接成部件或整个产品的工艺过程;焊接则是将已装配好的结构,用规定的焊接方法、焊接参数进行焊接加工,使其连接成一个牢固整体的工艺过程。

　　装配与焊接是焊接结构生产过程中的核心,直接关系到焊接结构的质量和生产效率。同一种焊接结构,由于其生产批量、生产条件不同,或由于结构形式不同,可有不同的装配方式、不同的焊接工艺、不同的装配－焊接顺序,也就会有不同的工艺过程。通过本项目的学习,学生应达到以下要求:

一、知识要求

1. 了解装配的基本条件;
2. 掌握定位原理及零件的定位方法和装配中的测量方法;
3. 熟练使用装配用工具及设备;
4. 掌握装配的基本方法。

二、能力要求

1. 能够掌握定位方法和装配中的测量方法;
2. 能够熟练使用装配用工具及设备;
3. 掌握装配的基本方法。

三、素质要求

1. 具有规范操作、安全操作、认真负责的工作态度;
2. 具有沟通能力及团队合作精神;
3. 具有质量意识、安全意识和环境保护意识;
4. 具有分析问题、解决问题的能力;
5. 具有勇于创新、敬业乐业的工作作风。

【相关知识】

　　装配是将焊前加工好的零、部件,采用适当的工艺方法,按生产图样和技术要求连接成部件或整个产品的工艺过程。装配工序的工作量大,约占整体产品制造工作量的30% ~ 40%,装配的质量和顺序将直接影响焊接工艺、产品质量和劳动生产率。所以,提高装配工作的效率和质量,对缩短产品制造周期、降低生产成本、保证产品质量等方面,都具有重要的意义。

一、装配的基本条件

在金属结构装配中,将零件装配成部件的过程称为部件装配;将零件或部件总装成产品则称为总装配。通常装配后的部件或整体结构直接送入焊接工序,但有些产品先要进行部件装配焊接,经矫正变形后再进行总装配。无论何种装配方案都需要对零件进行定位、夹紧和测量,这就是装配的三个基本条件。

1.定位

定位就是确定零件在空间的位置或零件间的相对位置。

2.夹紧

夹紧就是借助通用或专用夹具的外力将已定位的零件加以固定的过程。

3.测量

测量是指在装配过程中,对零件间的相对位置和各部件尺寸进行一系列的技术测量,从而鉴定定位的正确性和夹紧力的效果,以便调整。

上述三个基本条件是相辅相成的,定位是整个装配工序的关键,定位后不进行夹紧就难以保证和保持定位的可靠与准确;夹紧是在定位的基础上的夹紧,如果没有定位,夹紧就失去了意义;测量是为了保证装配的质量,但在有些情况下可以不进行测量(如一些胎夹具装配,定位元件定位装配等)。

二、定位原理及定位基准的选择

1.定位原理

零件在空间的定位是利用六点定位法则进行的,即限制每个零件在空间的六个自由度,使零件在空间有确定的位置,这些限制自由度的点就是定位点。在实际装配中,可由定位销、定位块、挡铁等定位元件作为定位点;也可以利用装配平台或工件表面上的平面、边棱等作为定位点;还可以设计成胎架模板形成的平面或曲面代替定位点;有时在装配平台或工件表面画出定位线起定位点的作用。

2.定位基准及其选择

(1)定位基准　在结构装配过程中,必须根据一些指定的点、线、面来确定零件或部件在结构中的位置,这些作为依据的点、线、面,称为定位基准。

图7-1所示为容器上各接口间的相对位置,是以轴线和组装面 M 为定位基准确定的。装配接口 Ⅰ、Ⅱ、Ⅲ 在筒体上的相对高度是以 M 面为定位基准而确定的;各接口的横向定位则以筒体轴线为定位基准。

(2)定位基准的选择　合理地选择定位基准,对于保证装配质量、安排零部件装配顺序和提高装配效率均有重要影响。选择定位基准时,应着重考虑以下几点:

①装配定位基准尽量与设计基准重合,这样可以减少基准不重合所带来的误差。比如,各种支承面往往是设计基准,宜将它作为定位基准;各种有公差要求的尺寸,如孔心距等也可作为定位基准。

②同一构件上与其他构件有连接或配合关系的各个零件,应尽量采用同一定位基准,这样能保证构件安装时与其他构件的正确连接和配合。

③应选择精度较高,又不易变形的零件表面或边棱作定位基准,这样能够避免由于基准面、线的变形造成的定位误差。

④所选择的定位基准应便于装配中的零件定位与测量。

在确定定位基准时应综合生产成本、生产批量、零件精度要求和劳动强度等因素。例如以已装配零件作基准,可以大大简化工装的设计和制造过程,但零件的位置、尺寸一定会受已装配零件的装配精度和尺寸的影响。如果前一零件尺寸精度或装配精度低,则后一零件装配精度也低。

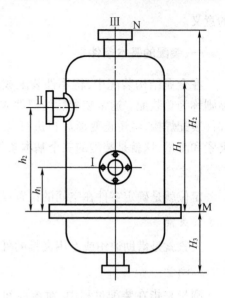

图 7 - 1　容器上各接口位置

三、装配中的测量

测量是检验定位质量的一个工序,装配中的测量包括:正确、合理地选择测量基准;准确地完成零件定位所需的测量项目。在焊接结构生产中常见的测量项目有:线性尺寸、平行度、垂直度、同轴度及角度等。

1. 测量基准

测量中,为衡量被测点、线、面的尺寸和位置精度而选作依据的点、线、面称为测量基准。一般情况下,多以定位基准作为测量基准。如图 7 - 1 所示的容器接口Ⅰ、Ⅱ、Ⅲ都是以 M 面为测量基准,测量尺寸 h_1、h_2 和 H_2,这样接口的设计标准、定位标准、测量标准三者合一,可以有效地减小装配误差。

当以定位基准作为测量基准不利于保证测量的精度或不便于测量操作时,就应本着能使测量准确、操作方便的原则,重新选择合适的点、线、面作为测量基准。

2. 各种项目的测量

(1)线性尺寸的测量　线性尺寸,是指工件上被测点、线、面与测量基准间的距离。线性尺寸的测量是最基础的测量项目,其他项目的测量往往是通过线性尺寸的测量来间接进行的。线性尺寸的测量主要是利用刻度尺(卷尺、盘尺、直尺等)来完成,特殊场合利用激光测距仪来进行。

(2)平行度的测量　主要有下列两个项目:

①相对平行度的测量。相对平行度是指工件上被测的线(或面)相对于测量基准线(或面)的平行度。平行度的测量是通过线性尺寸测量来进行的。其基本原理是测量工件上线的两点(或面上的三点)到基准的距离,若相等就平行,否则就不平行。但在实际测量中为减小测量中的误差,应注意:

a. 测量的点应多一些,以避免工件不直而造成的误差;

b. 测量工具应垂直于基准;

c.直接测量不方便时,间接测量。

图7-2是相对平行度测量的例子。(a)图为线的平行度,测量三个点以上,(b)图为面的平行度,测量两个以上位置。

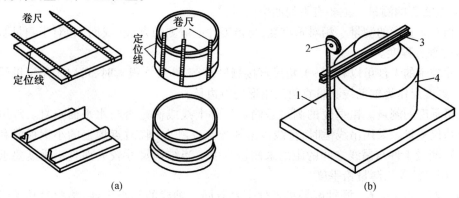

图7-2 相对平行度的测量

(a)角钢间相对平行度;(b)用大平尺测量相对平行度
1—平台;2—卷尺;3—大平尺;4—工件

②水平度的测量。容器里的液体(如水),在静止状态下其表面总是处于与重力作用方向相垂直的位置,这种位置称为水平。水平度就是衡量零件上被测的线(或面)是否处于水平位置。许多金属结构制品,在使用中要求有良好的水平度。例如桥式起重机的运行轨道,就需要良好的水平度,否则,将不利于起重机在运行中的控制,甚至引起事故。

施工装配中常用水平尺、软管水平仪、水准仪、经纬仪等量具或仪器来测量零件的水平度。

a.用水平尺测量 水平尺是测量水平度最常用的量具。测量时,将水平尺放在工件的被测平面上,查看水平尺上玻璃管内气泡的位置,如在中间即达到水平。

b.用软管水平仪测量 软管水平仪是用一根较长的橡皮管两端各接一根玻璃管所构成,管内注入液体。加注液体时要从一端注入,防止管内留有空气。冬天要注入不易冻的酒精、乙醚等。测量时,观察两玻璃管内的水平面高度是否相同,如图7-3所示。软管水平仪通常用来测量较大结构的水平。

c.用水准仪测量 水准仪由望远镜、水准器和基座组成,如图7-4(a)。利用它测量水平度不仅能衡量各种测量点是否处于同一水平,而且能给出准确的误差值,便于调整。

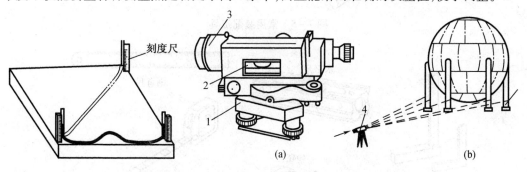

图7-3 软管水平仪测量水平

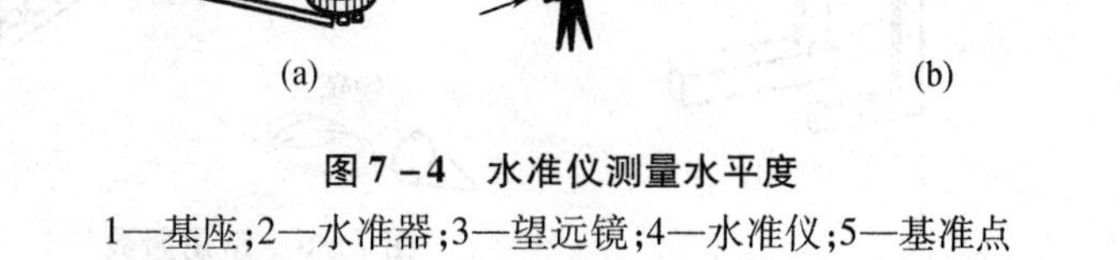

图7-4 水准仪测量水平度

1—基座;2—水准器;3—望远镜;4—水准仪;5—基准点

图7-4(b)是用水准仪来测量球罐柱脚水平的例子。球罐柱脚上预先标出基准点,把水准仪安置在球罐柱脚附近,用水准仪测试。如果水准仪测出各基准点的读数相同,则表示各柱脚处于同一水平面;若不同,则可根据由水准仪读出的误差值调整柱脚高低。

(3)垂直度的测量　主要有下列两个项目:

①相对垂直度的测量。相对垂直度,是指工件上被测的直线(或面)相对于测量基准线(或面)的垂直程度。

尺寸较小的工件可以利用90°角尺直接测量;当工件尺寸很大时,可以采用辅助线测量法,即用刻度尺作为辅助线测量直角三角形的斜边长。

②铅垂度的测量。铅垂度的测量是测定工件上线或面是否与水平面垂直。常用吊线锤或经纬仪测量。采用吊线锤时,将线锤吊线拴在支杆上(临时点焊上的小钢板或利用其他零件),测量工件与吊线之间的距离来测铅垂度。当结构尺寸较大而且铅垂度要求较高时,常采用经纬仪来测量铅垂度。

(4)同轴度的测量　同轴度是指工件上具有同一轴线的几个零件,装配时其轴线的重合程度。

(5)角度的测量　装配中,通常利用各种角度样板来测量零件间的角度。

装配测量除上述常用项目外,还有斜度、挠度、平面度等一些测量项目。需要强调的是量具的精度、可靠性是保证测量结果准确的决定因素之一。在使用和保管中,应注意保护量具不受损坏,并经常定期检验其精度的正确性。

四、装配用工夹具及设备

1. 装配用工具及量具

常用的装配工具有大锤、小锤、錾子、手砂轮、撬杠、扳手及各种画线用的工具等。常用的量具有钢卷尺、钢直尺、水平尺、90°角尺、线锤及各种检验零件定位情况的样板等。如图7-5所示是几种常用工具的示意图,图7-6为常用量具示意图。

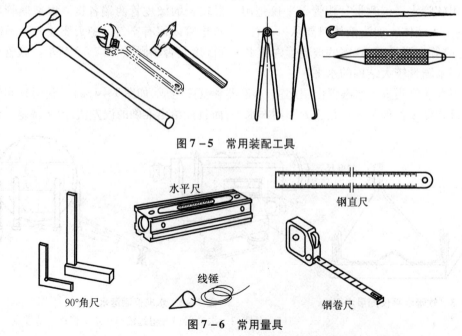

图7-5　常用装配工具

图7-6　常用量具

2. 装配用夹具

装配夹具是指在装配中用来对零件施加外力,使其获得可靠定位的工艺装备。主要包括通用夹具和装配胎架上的专用夹具。下面主要介绍装配过程中常用的手动夹具。

(1)螺旋夹具　螺旋夹具是通过丝杆与螺母间的相对运动来传递外力,以紧固零件。根据其结构不同,可分别具有夹、压、拉、顶和撑等功能。常用有弓形螺旋夹(图7-7)、螺旋拉紧器(图7-8(a)(b))、螺旋压紧器(图7-8(c)(d))、螺旋推撑器(图7-8(e)(f))。

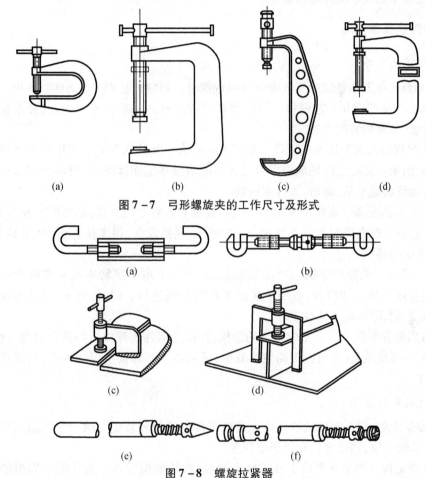

(a)　　　　　　(b)　　　　　　(c)　　　　　　(d)

图7-7　弓形螺旋夹的工作尺寸及形式

(a)　　　　　　　　　　　　(b)

(c)　　　　　　　　　　　(d)

(e)　　　　　　　　　　　(f)

图7-8　螺旋拉紧器

(2)楔条夹具　楔条夹具是用锤击或用其他机械方法获得外力,利用楔条的斜面将外力转变为夹紧力,从而达到对工件的夹紧。

(3)杠杆夹具　杠杆夹具是利用杠杆原理将工件夹紧。简易杠杆夹具如图7-9所示。

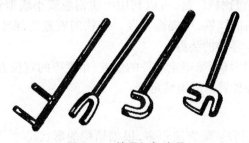

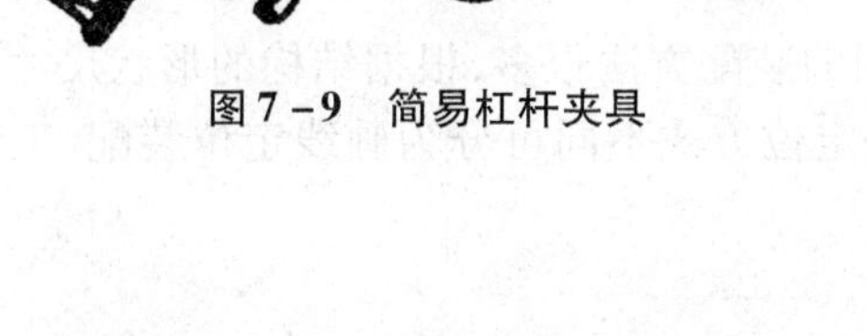

图7-9　简易杠杆夹具

3.装配用设备

装配用设备有平台、转胎、专用胎架等。

（1）装配用平台　主要有铸铁平台、钢结构平台、导轨平台、水泥平台、电磁平台等几种类型。

（2）胎架　胎架又称为模架,在工件结构不适于以装配平台作支承或者在批量生产时,就需要制造胎架来支承工件进行装配。

五、装配的基本方法

1.装配前的准备

装配前的准备工作是装配工艺的重要组成部分。通常包括如下几方面:

（1）熟悉产品图样和工艺规程　要清楚各部件之间的关系和连接方法,并根据工艺规程选择好装配基准和装配方法。

（2）装配现场和装配设备的选择　依据产品的大小和结构的复杂程度选择和安置装配平台和装配胎架。装配工作场地应尽量设置在起重设备工作区间内,对场地周围进行必要清理,使之达到场地平整、清洁,人行道通畅。

（3）工量具的准备　装配中常用的工、量、夹具和各种专用吊具,都必须配齐组织到场。

此外,根据装配需要配置的其他设备,如焊机、气割设备、钳工操作台、风砂轮等,也必须安置在规定的场所。

（4）零、部件的预检和除锈　产品装配前,对于从上道工序转来或从零件库中领取的零、部件都要进行核对和检查,以便于装配工作的顺利进行。同时,对零、部件的连接处的表面进行去毛刺、除锈垢等清理工作。

（5）适当划分部件　对于比较复杂的结构,往往是部件装焊之后再进行总装,这样既可以提高装配－焊接质量,又可以提高生产效率,还可以减小焊接变形。为此,应将产品划分为若干部件。

2.零件的定位方法

在焊接生产中,根据零件的具体情况选取零件的定位和装配方法。常用的定位方法有画线定位、销轴定位、挡铁定位和样板定位等。

（1）画线定位　就是在平台上或零件上画线,按线装配零件。通常用于简单的单件小批装配或总装时的部分较小零件的装配。

（2）销轴定位　是利用零件上的孔进行定位。如果允许,也可以钻出专门用于销轴定位的工艺孔。由于孔和销轴的精度较高,定位比较准确。

（3）挡铁定位　应用得比较广泛,可以利用小块钢板或小块型钢作为挡铁,取材方便。也可以使用经机械加工后的挡铁,可提高精度。挡铁的安置要保证构件重点部位（点、线、面）的尺寸精度,也要便于零件的装拆。

（4）样板定位　是利用样板来确定零件的位置、角度等的定位方法,常用于钢板之间的角度测量定位和容器上各种管口的安装定位。

3.零件的装配方法

焊接结构生产中应用的装配方法很多,根据结构的形状尺寸、复杂程度以及生产性质等进行选择。装配方法按定位方式不同可分为画线定位装配,工装定位装配;按装配地点不同可分为工件固定式装配,工件移动式装配。下面分别进行简单介绍。

(1)画线定位装配法 画线定位装配法是利用在零件表面或装配台表面划出工件的中心线、接合线、轮廓线等作为定位线,来确定零件间的相互位置,以定位焊固定进行装配。

如图7-10所示,图7-10(a)是以画在工件底板上的中心线和接合线作定位基准线,以确定槽钢、立板和三角形加强肋的位置;图7-10(b)是利用大圆筒盖板上的中心线和小圆筒上的等分线(也常称其为中心线)来确定两者的相对位置。

图7-11所示为钢屋架的画线定位装配。先在装配平台上按1:1的实际尺寸画出屋架零件的位置和结合线(称地样),如图7-11(a)所示。然后依照地样将零件组合起来,如图7-11(b)所示。此装配也称"地样装配法"。

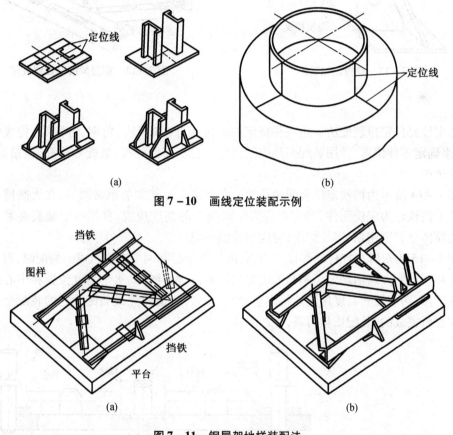

(a) (b)

图7-10 画线定位装配示例

(a) (b)

图7-11 钢屋架地样装配法

(a)装配前;(b)装配后

(2)工装定位装配法 工装定位装配主要有以下几种方法:

①样板定位装配法。它是利用样板来确定零件的位置、角度等的定位,然后夹紧并经定位焊完成装配的装配方法。常用于钢板与钢板之间的角度装配和容器上各种管口的安装。

图7-12所示为斜T形结构的样板定位装配,根据斜T形结构立板的斜度,预先制作样板,装配时在立板与平板接合线位置确定后,即以样板去确定立板的倾斜度,使其得到准确定位后施定位焊。

断面形状对称的结构,如钢屋架、梁、柱等结构,可采用样板定位的特殊形式——仿形复制法进行装配。图7-13所示为简单钢屋架部件装配过程:将图7-11中用"地样装配法"装配好的半片屋架吊起翻转后放置在平台上作为样板(称仿模),在其对应位置放置对应的节点板和各种杆件,用夹具卡紧后定位焊,便复制出与仿模对称的另一半片屋架。这样连续地复制装配出一批屋架后,即可组成完整的钢屋架。

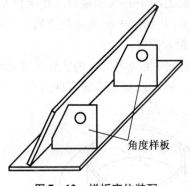

图7-12 样板定位装配

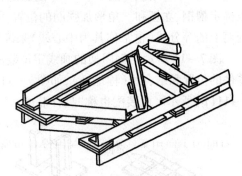

图7-13 钢屋架仿形复制装配

②定位元件定位装配法。用一些特定的定位元件(如板块、角钢、销轴等)构成空间定位点,来确定零件位置,并用装配夹具夹紧装配。它不需要画线,装配效率高,质量好,适用于批量生产。

图7-14所示为挡铁定位装配法示例。在大圆筒外部加装钢带圈时,在大圆筒外表面焊上若干挡铁作为定位元件,确定钢带圈在圆筒上的高度位置,并用弓形螺旋夹紧器把钢带圈与筒体壁夹紧密贴,定位焊牢,完成钢带圈装配。

图7-15为双臂角杠杆的焊接结构,它由三个轴套和两个臂杆组成。装配时,臂杆之间的角度和三孔距离用活动定位销和固定定位销定位,两臂杆的水平高度位置和中心线位置用挡铁定位,两端轴套高度用支承垫定位,然后夹紧,定位焊完成装配。它的装配全部用定位器定位后完成的,装配质量可靠,生产率高。

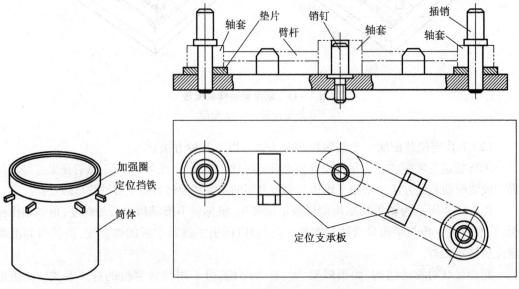

图7-14 挡铁定位　　　　图7-15 双臂角杠杆的装配

应当注意的是,用定位元件定位装配时,要考虑装配后工件的取出问题。因为零件装配时是逐个分别安装上去的,自由度大,而装配完后,零件与零件已连成一个整体,如定位元件布置不适当时,则装配后工件难以取出。

③胎夹具(又称胎架)装配法。对于批量生产的焊接结构,若需装配的零件数量较多,内部结构又不很复杂时,可将工件装配所用的各定位元件、夹紧元件和装配胎架三者组合为一个整体,构成装配胎架。

(3)工件固定式装配法　工件固定式装配方法是装配工作在一处固定的工作位置上装配完全部零、部件,这种装配方法一般用在重型焊接结构产品和产量不大的情况下。

(4)工件移动式装配法　工件移动式装配方法是工件顺着一定的工作地点按工序流程进行装配。在工作地点上设有装配胎位和相应的工人。这种方式不完全限于轻小型产品上,有时为了使用某些固定的专用设备也常采用这种方式,在较大批量或流水线生产中通常也采用这种方式。

4. 装配中的定位焊

定位焊也称点固焊,用来固定各焊接零件之间的相互位置,以保证整体结构件得到正确的几何形状和尺寸。

定位焊缝一般比较短小,而且该焊缝作为正式焊缝留在焊接结构之中,故所使用的焊条或焊丝应与正式焊缝所使用的焊条或焊丝牌号和质量相同。

进行定位焊时应注意几点:

①定位焊缝比较短小,并且要求保证焊透,故应选用直径小于 4 mm 的焊条或 CO_2 气体保护焊直径小于 1.2 mm 的焊丝。又由于工件温度较低,热量不足而容易产生未焊透,故定位焊缝焊接电流应较焊接正式焊缝时大 10% ~ 15%。

②定位焊缝有未焊透、夹渣、裂纹、气孔等焊接缺陷时,应该铲掉并重新焊接,不允许留在焊缝内。

③定位焊缝的引弧和熄弧处应圆滑过渡,否则,在焊正式焊缝时在该处易造成未焊透、夹渣等缺陷。

④定位焊缝长度尺寸一般根据板厚选取 15 ~ 20 mm,间距为 50 ~ 300 mm。板薄取小值,板厚取大值。对于强行装配的结构,因定位焊缝承受较大的外力,应根据具体情况适当加大定位焊缝长度,间距适当缩小。对于装配后需吊运的工件,定位焊缝应保证吊运中零件不分离,因此对起吊中受力部分的定位焊缝,可加大尺寸或数量;或在完成一定的正式焊缝以后吊运,以保证安全。

【实训任务】

任务一　T 形梁的装配训练

【实训任务单】

T 形梁的装配训练任务单见表 7 – 1。

表 7－1　T 形梁的装配训练任务单

任务名称	T 形梁的装配训练		
所需时间	12 学时	所需场所	实训车间
任务描述	上图所示为 T 形梁的装配训练图样,由一块长 1 000 mm、宽 300 mm、厚 12 mm 的翼板和一块长 1 000 mm、宽 300 mm、厚 8 mm 的腹板组成		
任务要求	技能要求: 1.掌握 T 形梁定位方法和的测量方法; 2.熟练使用装配工具及设备; 3.掌握 T 形梁的装配方法 职业素质要求: 1.具有规范操作,安全操作和团结协作的优秀品质; 2.具有严谨认真的工作态度; 3.具有分析和解决问题能力; 4.具有创新意识,获取新知识、新技能的学习能力		
实施要求	1.10 人一小组,相互配合; 2.训练过程中,注意安全防护;穿戴好个人防护用品和用具,预防电弧光伤害,防止飞溅金属造成的灼伤和火灾,防止触电、砸伤等事故发生; 3.严格遵守实训车间的规章制度		

【任务实施】

一、装配前准备

1. 设备

焊机型号:NBC－400。

2. 材料

(1)钢板　翼板尺寸:$L \times B \times S = 1\,000$ mm $\times 300$ mm $\times 12$ mm,材质:Q235,1 块/组;

　　　　　腹板尺寸:$L \times B \times S = 1\,000$ mm $\times 300$ mm $\times 8$ mm,材质:Q235,1 块/组。

(2)焊丝　牌号:H08Mn2SiA,直径:$\phi 1.2$ mm。

3. 工夹具

装配工具:大锤、小锤、錾子、手砂轮、撬杠、扳手及各种画线用的工具等;

测量工具：钢卷尺、钢直尺、水平尺、90°角尺、线锤及各种检验零件定位情况的样板等；
装配用夹具：螺旋拉紧器、螺旋压紧器、螺旋推撑器、杠杆夹具等。

二、操作步骤

1.画线

按照图样,在钢板上画出规定尺寸的钢板的切割线和结构的定位线;检查尺寸是否正确。

2.下料

按照钢板上画好的位置线进行下料,可以用气割或者等离子切割。对切割下的板材进行边缘清理。

3.装配焊接操作

(1)启动焊机　打开焊机电源开关,试机。
(2)调节焊接参数　焊接参数见表7－2。

表7－2　焊接参数

焊丝直径/mm	焊接电流/A	焊接电压/V	气体流量/(L/min)	干伸长度/mm	电源极性
1.2	130~150	20~22	15~20	10~15	直流反接

(3)将腹板放到翼板上的腹板的定位线上,在一侧进行定位,测量垂直度;在另一侧进行定位。焊接其余的焊缝,最好采用对称焊接。

装配焊接结束后,关闭焊机,整理工具设备,清理打扫场地。

【任务评价】

任务评价单见表7－3。

表7－3　任务评价单

	序号	检测项目	配分	技术标准	实测情况	得分
焊件评价	1	画线	10分	画线尺寸准确,每差1 mm,扣5分		
	2	下料	10分	下料尺寸准确,每差1 mm,扣5分		
	3	装配	20分	装配尺寸准确,每差1 mm,扣5分		
	4	焊缝成形	20分	要求波纹细、均匀、光滑,否则每项扣5分		
	5	安全文明生产	10分	服从管理、安全操作,酌情扣分		
		总分	70分	实训成绩		
组内互评	学号	姓名	评分(满分10分)	学号	姓名	评分(满分10分)
	注意:最高分与最低分相差最少3分,同分人最多3人,某一成员分数不得超平均分±3分					

续表 7 – 3

组间互评		评分（满分 10 分）
教师评价		评分（满分 10 分）
签字	任务完成人签字：　　　日期：　　年　　月　　日 指导教师签字：　　　日期：　　年　　月　　日	

任务二　箱形梁的装配训练

【实训任务单】

箱形梁的装配训练任务单见表 7 – 4。

表 7 – 4　箱形梁的装配任务单

任务名称	箱形梁的装配训练		
所需时间	12 学时	所需场所	实训车间
任务描述	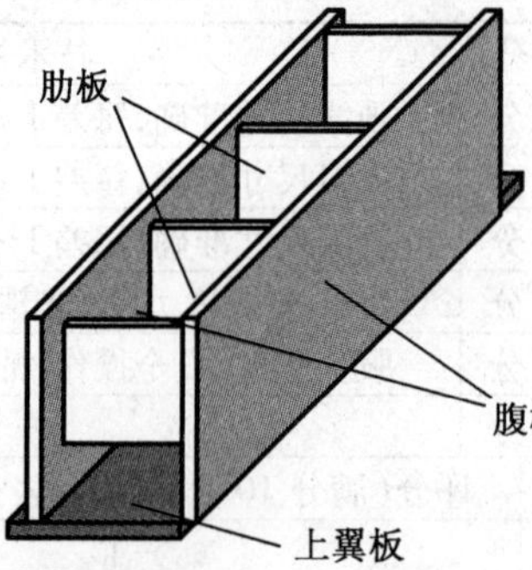 上图所示为箱形梁的装配训练图样，由两块长 1 000 mm、宽 500 mm、厚 12 mm 的翼板、两块长 1 000 mm、宽 300 mm、厚 10 mm 的腹板和四块长 300 mm、宽 280 mm、厚 8 mm 的肋板组成。两块腹板中心线距离箱形梁中轴线 145 mm；四块肋板中心线距离 250 mm，边缘肋板中心距翼板边缘 145 mm		

续表 7 - 4

任务要求	技能要求： 1.掌握箱形梁定位方法和的测量方法； 2.熟练使用装配工具及设备； 3.掌握箱形梁的装配方法 职业素质要求： 1.具有规范操作,安全操作和团结协作的优秀品质； 2.具有严谨认真的工作态度； 3.具有分析和解决问题能力； 4.具有创新意识,获取新知识、新技能的学习能力
实施要求	1.10 人一小组,相互配合； 2.训练过程中,注意安全防护；穿戴好个人防护用品和用具,预防电弧光伤害,防止飞溅金属造成的灼伤和火灾,防止触电；砸伤等事故发生； 3.严格遵守实训车间的规章制度

【任务实施】

一、装配前准备

1.设备

焊机型号:NBC – 400；

2.材料

(1)钢板 翼板尺寸、数量:$L \times B \times S = 1\ 000$ mm $\times 500$ mm $\times 12$ mm(两块)；材质:Q235,2 块/组；

腹板尺寸、数量:$L \times B \times S = 1\ 000$ mm $\times 300$ mm $\times 10$ mm(两块)；材质:Q235,2 块/组；

肋板尺寸、数量:$L \times B \times S = 300$ mm $\times 280$ mm $\times 8$ mm(四块)；材质:Q235,2 块/组。

(2)焊丝   牌号:H08Mn2SiA,直径:$\phi 1.2$ mm。

3.工夹具

装配工具:大锤、小锤、錾子、手砂轮、撬杠、扳手及各种画线用的工具等；

测量工具:钢卷尺、钢直尺、水平尺、90°角尺、线锤及各种检验零件定位情况的样板等；

装配用夹:螺旋拉紧器、螺旋压紧器、螺旋推撑器、杠杆夹具等。

二、操作步骤

1.画线

按照图样,在钢板上画出规定尺寸钢板的切割线；检查尺寸是否正确。

2.下料

按照钢板上画好的位置线进行下料,可以用气割或者等离子切割。对切割下的板材进行边缘处理。

3. 装配焊接操作

（1）启动焊机　打开焊机电源开关，试机。

（2）调节焊接参数

焊接参数见表 7-5，可根据实际情况调整。

表 7-5　焊接参数

焊丝直径/mm	焊接电流/A	焊接电压/V	气体流量/(L/min)	干伸长度/mm	电源极性
1.2	130~150	20~22	15~20	10~15	直流反接

（3）按图 7-16 所示，装配前，先把翼板、腹板分别矫直、矫平，板料长度不够时应先进行拼接。

首先，将上翼板放置在装配平台上，然后在上翼板上画出腹板和肋板的位置线，并用样冲打上样冲眼。

再将各肋板按位置线安装在上翼板上，用 90°角尺检验垂直度；然后定位焊；焊接肋板与上翼板之间的平角焊缝。

再装配两腹板，使其紧贴肋板利于上翼板上，并与上翼板保持垂直。用 90°角尺检验后施定位焊固定焊接肋板与腹板间的立角焊缝。

焊后矫正，内部涂上防锈漆后再装配上盖板，进行定位，焊接剩余焊缝。即完成了整个箱形梁的装配工作。装配过程，如图 7-16 所示。装配焊接结束后，关闭焊机，整理工具设备，清理打扫场地。

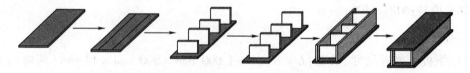

图 7-16　箱形梁的装配过程示意图

【任务评价】

任务评价单见表 7-6。

表 7-6　任务评价单

	序号	检测项目	配分	技术标准	实测情况	得分
焊件评价	1	画线	10分	画线尺寸准确，每差 1 mm，扣 5 分		
	2	下料	10分	下料尺寸准确，每差 1 mm，扣 5 分		
	3	装配	20分	装配尺寸准确，每差 1 mm，扣 5 分		
	4	焊缝成形	20分	要求波纹细、均匀、光滑，否则每项扣 5 分		
	5	安全文明生产	10分	服从管理、安全操作，酌情扣分		
		总分	70分	实训成绩		

续表 7 – 6

	学号	姓名	评分(满分 10 分)	学号	姓名	评分(满分 10 分)
组内互评						
	注意:最高分与最低分相差最少 3 分,同分人最多 3 人,某一成员分数不得超平均分 ±3 分					
组间互评						评分(满分 10 分)
教师评价						评分(满分 10 分)
签字			任务完成人签字:　　日期:　　年　　月　　日			
			指导教师签字:　　日期:　　年　　月　　日			

【知识拓展】

常用装配胎具

装配胎具是为了保证产品的装配质量,提高生产效率,按照产品的形状和零件装配的位置要求而设计的工装。按其功能分为通用胎具和专用胎具。按其动作的方式又分为固定式、垂直式和水平旋转式。

1.固定式

(1)型钢式　型钢式装配胎具常用的形式有槽钢(图 7 – 17)、轨道钢、工字钢(图 7 – 18)等,用于直径较小的筒体卧装对接。

图 7 – 17　用槽钢卧装对接筒体　　　图 7 – 18　用工字钢卧装对接筒体

(2)专用胎具　较大型压力容器的封头的组装采用专用胎具。

2．垂直旋转式

对于分瓣下料的大型压力容器封头的组装，一般采用现场制作胎具。它由许多钢板和加强筋组合而成。

3．水平旋转式

（1）滚轮式　简体卧装采用滚轮架可以减轻对接时简体在径向滚动时的劳动强度，没有划痕，但在轴向移动时，仍然会对简体的外表面造成划痕。简体在吊装时，轴向位置会受到一定的限制，如图7－19所示。

（2）辊筒式　采用辊筒进行简体卧装对接时，与采用滚轮架相同，但吊装时简体轴向移动距离比较方便，如图7－20所示。

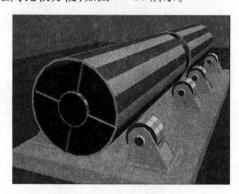　　　　

图7－19　滚轮架组装图　　　　　　　　图7－20　辊筒组装

（3）简体卧装对接机　简体卧装对接机的结构是电动机经减速机减速后，通过刚性联轴器与二次减速机的输入轴连接，再通过套筒联轴器、轴与另一减速箱的输入轴连接。两台减速机的输出轴用十字轴式万向节分别与辊筒连接，同一轴向的辊筒与辊筒的连接仍然采用十字轴式万向节连接。

采用简体卧装对接机进行套筒卧装对接，不仅减轻了劳动强度，而且一次性对接的简体较长。

参 考 文 献

[1] 邓洪军.焊条电弧焊实训[M].2 版.北京:机械工业出版社,2008.

[2] 王云鹏.CO_2 气体保护电弧焊实训[M].北京:机械工业出版社,2011.

[3] 邱葭菲.焊接方法与设备[M].北京:化学工业出版社,2008.

[4] 邱葭菲.焊接方法与设备[M].北京:机械工业出版社,2012.

[5] 刘松淼.焊接操作技能实用教程[M].北京:化学工业出版社,2010.

[6] 杨跃.典型焊接接头电弧焊实作[M].北京:机械工业出版社,2009.

[7] 邓洪军.焊接结构制作[M].北京:高等教育出版社,2009.

[8] 李莉.焊接结构制作[M].北京:机械工业出版社,2008.

[9] 钟翔山.实用焊接操作技法[M].北京:机械工业出版社,2013.

[10] 中国机械工程学会焊接学会.焊接手册第 1 卷.焊接方法与设备[M].3 版.北京:机械工业出版社,2007.

[11] 韩国明.焊接工艺理论与技术[M].2 版.北京:机械工业出版社,2007.

[12] 王新民.焊接技能实训[M].北京:机械工业出版社,2006.

参 考 文 献